工程建设质量管理小组活动理论与实务

（第2版）

中国施工企业管理协会　编著

中国计划出版社

2020　北　京

图书在版编目（CIP）数据

工程建设质量管理小组活动理论与实务 / 中国施工企业管理协会编著. -- 2版. -- 北京 : 中国计划出版社, 2020.10（2023.3重印）
ISBN 978-7-5182-1243-9

Ⅰ. ①工… Ⅱ. ①中… Ⅲ. ①建筑工程－工程质量－质量管理－研究－中国 Ⅳ. ①TU712.3

中国版本图书馆CIP数据核字(2020)第185011号

工程建设质量管理小组活动理论与实务（第2版）
中国施工企业管理协会 编著

中国计划出版社出版发行
网址：www.jhpress.com
地址：北京市西城区木樨地北里甲11号国宏大厦C座3层
邮政编码：100038 电话：（010）63906433（发行部）
三河富华印刷包装有限公司印刷

787mm×1092mm 1/16 18印张 238千字
2020年10月第2版 2023年3月第4次印刷
印数 14001—16000册

ISBN 978-7-5182-1243-9
定价：58.00元

编审人员名单

组织编制：中国施工企业管理协会

主　　编：曹玉书

副 主 编：尚润涛　孙晓波

参编人员：侯传付　朱　锋　陈　革　黄　慧

韩　磊　张国义　王雪艳

审定人员：邢文英　熊　伟　王志敏

前　言

中国特色社会主义进入新时代，推动高质量发展是当前和今后一个时期确定发展思路、制定经济政策、实施宏观调控的根本要求，也成为工程建设领域改革发展的主旋律。

高质量发展体现着新的发展理念，承载着千家万户的福祉。九城之台，起于垒土。质量管理小组活动以其广泛的群众性、实践性、可持续性，在推动高质量发展上显示出强大的生命力、创造力、影响力，成为工程建设企业加强质量建设的有效抓手和载体。

中国施工企业管理协会坚持“质量强国”的价值导向，大力弘扬“追求卓越，铸就经典”的国家优质工程奖精神，把组织引导质量管理小组活动的开展作为服务会员、服务企业的重要内容。建立管理制度，完善工作体系，组织人才培训，实施成果发布，开展研讨交流，形成了全员参与、综合发力、持续推进、不断提高的生动格局。每个小组有骨干，每个骨干懂方法；每次活动有总结，每次总结有提高，真正使这项活动在企业落地生根，开花结果。员工在参与质量管理小组活动的同时，学到了知识，提高了素质，增强了参与质量建设的荣誉感、使命感、责任感，提高了工作的积极性、主动性、创造性，可谓一举多得。

实践、认识，再实践、再认识，是我们由浅入深、把握事物规律的基本途径。《工程建设质量管理小组活动理论与实务》正是群众智慧的结晶，是实践经验的总结，是认识成果的升华。

本书依据中国质量协会《质量管理小组活动准则》T/CAQ 10201-2020，

结合工程建设行业特点编写，涵盖了质量管理小组活动发展概述、管理实施、活动程序、统计方法、成果发布、成果评审，以及具有代表性的案例及评价。编写中力求重点突出、系统全面、案例经典、提炼准确，使其具有更强的实践性、指导性和操作性，真正成为一线员工开展质量管理小组活动的一个“帮手”，成为致力于这项工作研究的一个“向导”。

由于时间和水平有限，书中难免存在不妥之处，恳请广大读者批评指正。

中国施工企业管理协会

2020 年 8 月

目　　录

第一章　工程建设质量管理小组发展概况及管理…………………………（ 1 ）

　第一节　工程建设质量管理小组发展基本情况…………………………（ 3 ）

　第二节　质量管理小组活动的管理与推进………………………………（ 5 ）

第二章　质量管理小组概述…………………………………………………（ 13 ）

　第一节　质量管理小组的概念……………………………………………（ 15 ）

　第二节　质量管理小组的组建……………………………………………（ 17 ）

　第三节　质量管理小组活动的宗旨和基本原则…………………………（ 22 ）

　第四节　质量管理小组活动课题类型……………………………………（ 28 ）

第三章　问题解决型课题活动程序…………………………………………（ 31 ）

　第一节　活动程序概述……………………………………………………（ 33 ）

　第二节　选择课题…………………………………………………………（ 34 ）

　第三节　现状调查…………………………………………………………（ 42 ）

　第四节　设定目标…………………………………………………………（ 49 ）

　第五节　目标可行性论证…………………………………………………（ 56 ）

　第六节　原因分析…………………………………………………………（ 60 ）

　第七节　确定主要原因……………………………………………………（ 64 ）

　第八节　制定对策…………………………………………………………（ 68 ）

　第九节　对策实施…………………………………………………………（ 71 ）

第十节　效果检查……………………………………………………（80）
第十一节　制定巩固措施………………………………………………（84）
第十二节　总结和下一步打算…………………………………………（87）

第四章　创新型课题活动程序………………………………………（93）
第一节　活动程序概述…………………………………………………（95）
第二节　选择课题………………………………………………………（96）
第三节　设定目标及目标可行性论证…………………………………（105）
第四节　提出方案并确定最佳方案……………………………………（110）
第五节　制定对策………………………………………………………（122）
第六节　对策实施………………………………………………………（126）
第七节　效果检查………………………………………………………（136）
第八节　标准化…………………………………………………………（139）
第九节　总结和下一步打算……………………………………………（142）

第五章　质量管理小组活动成果的整理与发表……………………（145）
第一节　成果报告的整理………………………………………………（147）
第二节　成果的发表……………………………………………………（152）

第六章　质量管理小组活动成果的评审与活动的推进……………（159）
第一节　质量管理小组活动成果的评审………………………………（161）
第二节　质量管理小组活动的推进……………………………………（168）

第七章　统计方法概述………………………………………………（177）
第一节　统计方法基本概念……………………………………………（179）
第二节　统计方法分类、性质及用途…………………………………（190）
第三节　统计方法使用要求……………………………………………（193）

第八章 常用统计方法……………………………………………………（197）
第一节 调查表、分层法与排列图………………………………………（199）
第二节 因果图、树图与关联图…………………………………………（212）
第三节 散布图、直方图、控制图………………………………………（222）
第四节 头脑风暴法及亲和图……………………………………………（244）
第五节 PDPC 法及矢线图 ………………………………………………（248）
第六节 矩阵图……………………………………………………………（255）
第七节 其他常用统计方法………………………………………………（259）

参考文献…………………………………………………………………（278）

第一章　工程建设质量管理小组发展概况及管理

第一节　工程建设质量管理小组发展基本情况

一、发展历程

随着改革开放政策的实施，我国开始引入与推行全面质量管理，目前已有四十余年。从发展轨迹来看，质量管理小组活动经历了试点、推广、发展和深化四个时期。1978 年，率先在工业领域引进和推行全面质量管理，开展质量管理小组活动试点；1980 年，质量管理小组活动得到政府鼓励和社会广泛支持，进入了推广阶段，之后的六年，活动范围逐渐扩大至工程建设领域；1987 年，党的第十三次全国代表大会把质量发展提升到经济发展战略和反映民族素质的高度，全社会开始重视质量，质量管理小组活动进入发展阶段；1992 年，国家经济体制开始转型，从社会主义计划经济体制向社会主义市场经济体制转变，质量管理小组活动进入深化阶段。

二、推进体系

经过四十余年的创新发展，我国工程建设质量管理小组活动不断适应中国国情、契合企业实际，逐步形成了由政府提倡、企业参与、协会规范的推进体系。从 20 世纪 80 年代原国家经委颁布《质量管理小组暂行条例》倡导基层质量活动，到国务院颁布《质量发展纲要》明确活动目标，足以看出政府对质量管理小组活动的重视。从工业领域试点基层质量管理小组活动，到工程建设领域各个行业、地区建设企业普遍参与，并将其纳入质量发展规划，企业参与基层质量活动的积极性高涨。从国家级行业协会率先开展，到国家级、省（部）级、地区级三级联动活动机制的构建、完善和全面发展，为质量管理小组活动搭建了更加广阔的平台。多年来，中国施工企业管理协会积极倡导全面质量管理理念，引导和鼓励各专业领域的企业积极开展群众性质量管理小组活动，提倡每个项目有小组，每个小组有骨干，鼓励取得成果的小组积极参加各级协会组织的现场交流，并在活动的组织体系、规章制度、交流平台和人才队伍建设等方面做出积极的努力。在行业内组织开展优秀质量管理小组评选活动，在工程建设领域建立了较完整、多层次、强有力的指导和推进组织，并不断发展和完善，为行业开展质量管理小组活动提供了组织保证。为了规范质量管理小组活动的开展，中国施工企业管理协会制定了《工程建设质量管理小组活动评选办法》，各地区社团及相关协会也相继制定有关的规章制度。这些制度为质量管理小组活动制定了统一的指导原则和要求，使得质量管理小组活动有章可循、有法可依，有力促进了工程建设质量管理小组活动的健康发展。

人才队伍建设是开展质量管理小组活动的基础性工作，不仅关系着小组成员素质、活动水平和效果，还关系着质量管理小组活动的未来和发展。中国施工企业管理协会历来非常重视质量管理小组人才队伍建设，一是采用多种形式在行业内开展质量管理基础知识的普及教育工作，使广大员工熟悉质量管理小组活动的基础理论知识、开展活动的程序和要求、解决问题的方法和工具；二是重视开展质量管理小组活动推进者培训工作，协会自2011年开始组织开展小组活动培训，2014年出版了《工程建设质量管理小组理论与实务》实用教材（第一版）。在行业内着力培养一大批懂理论、善实践、能指导的质量管理小组活动骨干队伍。

三、取得成效

质量管理小组活动在工程建设行业经过多年推行、普及和深入推进，成效显著。主要表现为革新了传统的质量管理观念，创新了质量管理模式和方法，提升了广大工程建设者的质量意识，调动了基层员工的主动性和创造性，促进了工程建设质量改进、能耗降低、绩效提升。据统计，四十余年来，我国累计注册质量管理小组超过4200万个，创造了巨大的经济效益。其中，中国施工企业管理协会在国家发展改革委的指导下，在国家市场监管总局的支持下，自 1986 年开始推广质量管理小组活动，至今累计注册小组 1 万余个，参与人员超过 10 万人，成效明显，对提升工程建设行业一线班组活动质量发挥了积极作用。

中国施工企业管理协会每年都组织召开工程建设质量管理小组活动成果交流会。通过展示优秀成果，交流成功经验和心得体会，使小组成员学到了很多好的经验做法，取长补短，不断改进，从而促进全行业小组活动水平不断提高，实现共同进步。同时，每年通过表彰工程建设优秀质量管理小组，树立行业标杆，激发广大员工参与小组活动的积极性，促进工程建设质量管理小组活动不断深入开展。

第二节　质量管理小组活动的管理与推进

一、企业对质量管理小组活动的管理

企业要在激烈的建筑市场竞争中取胜，需要依靠全员的共同努力。而质量管理小组是实现全员参与质量改进的有效形式。企业要把开展群众性的质量管理小组活动纳入质量管理和质量保证体系，并建立相关管理制度，质量管理部门、技术部门、工会和共青团齐抓共管，发动全体员工参与质量管理小组活动，并做好指导、帮助、推进工作；把开展质量管理小组活动与工程项目的目标管理、技术革新以及施工“十项”新技术推广应用等活动结合起来；同时，将质量管理小组活动与提高员工思想和技术业务素质、企业文化、施工班组建设、技术创新、合理化建议、员工年度绩效评定、经济奖励等活动紧密结合起来。

企业的质量管理部门或技术主管部门负责质量管理小组活动的日常推进工作。小组成立并确定活动课题后，向所在企业登记注册，企业主管部门将每年质量管理小组活动情况报送所在地区协会，做好服务推进工作。

二、工程建设行业对质量管理小组活动的管理

各级建设行业协会负责推进本行业或地区施工企业质量管理小组活动，建立相关管理制度，具体内容包括：优秀质量管理小组成果的申报与评审、表彰和激励等；做好培训教育、组织发动和推进工作，并为开展活动提供必要的条件、为企业搭建互相交流学习的良好平台，创造良好的活动环境氛围，积极热情为企业提供服务。

为加强各企业、各地区、各行业之间的横向交流，树立典型、明确导向，肯定成绩、表彰先进，各级建设行业协会定期召开行业或地区质量管理小组活动成果发表会，组织和开展质量管理小组联谊会、学术研究和经验交流等活动，有力促进了质量管理小组活动健康发展。

三、优秀质量管理小组活动成果的推荐和评选

1. 基层推荐优秀质量管理小组活动成果

质量管理小组取得成果并向企业主管部门申报后，组织熟悉质量管理小组活动的有关人员组成评审组，深入小组活动现场进行现场评审（查看活动效果和相关记录，评价活动的真实性和有效性）；企业主管部门组织年度企业质量管理小组活动成果发表会，根据质量管理小组活动成果发表评审和现场评审的总成绩，评选企业优秀成果，推荐其参加上级主管单位或各地区建设行业协会的质量管理成果发表选拔赛。

2. 各行业、地区建设行业协会评选质量管理小组活动成果

行业或地区建设行业协会定期组织召开年度质量管理小组活动成果发表会。在企业选派的优秀质量管理小组中，通过评审，选出本地区、本行业的优秀质量管理小组和推荐其参加更高一级优秀质量管理小组评选。发表层次可分为基层发表（分公司、企业）、行业或地区建设行业代表会发表、全国工程建设行业代表会发表。通过各级建设行业协会评选，质量管理成果可获得市级、省级、部级和国家级等优秀质量管理小组活动奖项。

3. 中国施工企业管理协会组织召开每年度工程建设行业优秀成果发布会

根据各地区、行业协会择优推荐的成果，按程序组织发布，表彰全国工程建设优秀质量管理小组、质量管理小组活动优秀企业、卓越领导者和优秀推进者等，有力推动了工程建设质量管理小组活动质量逐年提高。

四、质量管理小组活动推进

1997 年 8 月，国家经贸委、财政部、中国科协、全国总工会、共青团中央和中国质量协会联合颁发了《关于推进企业质量管理小组活动的意见》(国经贸〔1997〕147 号)，2017 年中共中央国务院出台了《关于开展质量提升行动的指导意见》，指出推动高质量发展是当前和今后一个时期各行各业、各个领域确定发展思路、制定经济政策、实施宏观调控的根本要求。2016 年 8 月，中国质量协会发布我国第一个质量管理小组活动标准，即《质量管理小组活动准则》T/CAQ 10201–2016，标志着质量管理小组活动向更加深入、更加广泛、更加标准的水平迈进。2020 年 4 月，进一步对《质量管理小组活动准则》进行了修订。推进工作要点如下：

1. 制定推进计划

企业质量管理小组活动的主管部门根据上一年度质量管理小组活动情况进行总结分析，结合本年度现状和经营方针、目标要求，制定本年度推动方针和计划，以明确本年度质量管理小组活动推进的力度、重点和步骤，并明确质量管理小组数量的发展、质量管理小组成员的质量教育、质量管理小组活动的指导、企业内质量管理小组成果发表与经验交流以及外出参加学习、交流等计划安排，循序渐进地推进企业质量管理小组活动更广泛深入、健康持久地发展。

2. 抓好培训教育

为了培养一批懂质量管理理论、能指导开展质量管理小组活动、会评价质量管理小组活动成果的骨干力量，更好地推动企业开展质量管理小组活动，主管质量管理小组的部门要善于在工作中及时发现那些质量意识较强、热心于不断改进质量的积极分子，有意识地对他们进行培养教育，以带动广大员工开展质量管理小组活动。培训教育的考核成绩存入职工技术档案，可作为技术考核的依据。企业根据实际需要，对从事质量管理小组活动的管理者、小组成员以及员工进行有计划、分层次的培训。每年教育培训时间由企业安排。暂不具备培训条件的企业可组织参加相关单位的培训学习，以不断扩大质量管理队伍，丰富和更新相关理论知识，推进企业质量管理小组活动。

3. 创造开展活动的环境条件

根据我国国情，各级行业协会建立了质量管理小组的领导组织并进行宏观指导与推进；企业各级领导要为质量管理小组开展活动提供必要的条件，创造良好的环境，鼓励质量管理小组积极开展多种形式的活动。企业开展质量管理小组活动的基本条件包括以下几个方面：

（1）领导对质量管理小组活动，要在思想上重视、行动上支持。促进质量管理小组活动广泛、健康持续发展，是企业领导与有关管理部门的职责，各级领导要高度重视、热情支持、积极引导，并把它作为企业取得成功的关键要素来抓。例如，把质量管理小组纳入企业质量工作计划，制定并坚持鼓励开展质量管理小组活动的政策，在企业中设专职或兼职人员负责管理质量管理小组活动；在质量工作的会议上积极宣传质量管理小组活动的意义，积极组织参加质量管理小组活动成果发表会，鼓励开展质量管理小组活动等，在企业内部形成推动开展质量管理小组活动的氛围。

（2）全员树立质量管理小组活动意识。只有当广大员工对开展质量管理小组活动的意义有了认识，并产生了参加质量管理小组活动的愿望和要求时，质量管理小组活动才能成为广大员工的一种自觉行为。为此，应认真开展质量管理教育，提高广大员工的质量意识、问题意识、改进意识和参与意识，为企业质量管理小组活动培养和建立较广泛的群众基础。

（3）建立健全质量管理小组活动规章制度。为使企业质量管理小组活动持续、健康地发展，企业应将质量管理小组活动作为质量体系的一项重要组成要素，对质量管理小组的组建、注册登记、活动、管理、培训、成果发表、评选和奖励等制定相应的规章制度，以更好地指导企业质量管理小组活动。

（4）对质量管理小组活动给予具体指导。企业领导、技术和质量管理部门在组建阶段，帮助质量管理小组选好课题。要注重质量管理小组活动现场的活动程序、方法、统计工具等管理技术，各种调查数据的收集、保存，以及活动记录等方面的指导，关注活动课题、现状分析、对策措施、实施情况、数据处理等内容，确保其活动的真实性、有效性、多样性和灵活性。要关注质量管理小组活动与岗位业务、工程项目管理、技术创新与应用相结合，企业行政组织应充分发挥协调作用，将质量管理小组活动融于企业各项活动之中。

五、质量管理小组的激励

对于取得成果的质量管理小组，如何使其积极性得以保持，并再次选择课题持续地活动下去，同时也吸引更多的员工参加质量管理小组活动，这就必须采取有效的激励手段。激励机制是持续开展质量管理小组活动的动力源泉，可分为以下几种形式：

1. 目标激励

企业应当把理想和目标教育当作激励的重要手段，帮助员工树立社会理想，并把个人理想与社会理想结合起来。应把企业的方针目标、发展规划告知员工，将民主管理等交给员工，以激发广大员工积极投身质量改进活动、参加质量管理小组的自觉性，真正为企业的发展做出贡献。与此同时，员工通过参加活动也可提升自身素质和工作能力。大多数人都有成就需要，希望不断获得成功。人有目标，才有奔头，才能产生动力。成功的标志就是达到预定的目标。因此，目标是一个重要的激励因素。

2. 物质激励

物质激励包括劳动报酬、奖金、各种物质和公共福利，是激励形式中最基本的激励手段，因为货币、衣食住行等决定着人们的基本需要的满足，同时，职工的收入及居住条件也影响其社会地位、社会交往，影响其学习、文化娱乐等精神满足。所以，当质量管理小组取得成果并创造了效益后，企业应根据按劳分配的原则给予小组成员物质奖励。奖励是发挥员工潜能的重要手段，适当的奖励是激发员工积极性的重要方法。

要完善奖励机制，落实奖励政策，把质量管理小组活动成果与员工的政治荣誉、职称评定、物质利益挂钩。通过总结经验和利用各种形式宣传和表彰先进，提高员工参加质量管理小组活动的积极性，促进员工素质的提高。

3. 领导关怀与支持激励

企业领导重视、关心和支持质量管理小组活动是最有力度的激励。领导从资金、物质、场所、时间等方面对质量管理小组活动给予支持，必将更激发起员工参与质量管理小组活动的积极性，从而把质量管理小组活动搞得更加出色。不少企业领导十分重视质量管理小组活动，他们将开展质量管理小组活动作为提高企业整体素质、培养年轻骨干队伍的重要手段，对质量管理小组活动的开展投入资金和时间，解决一些横向协调问题。他们坚持参加企业每年召开的质量管理小组成果发表会，给优秀质量管理小组颁奖，与发表人合影留念，对企业开展活动的情况亲自总结经验，提出改进意见，鼓励员工积极投入质量管理小组活动。

4. 组织激励与荣誉激励

组织激励就是运用组织责任及权利对员工进行激励。大多数人是愿意得到提拔和承担更大责任的，通过提拔工作出色的员工或将其调到更重要的岗位，以调动他们的积极性，同时也是对全体员工的一种鞭策。据管理心理学家研究，我国企业在激发员工动机方面存在着极大的潜力，员工积极性尚有 50%~60% 未能发挥出来。如果能够深入了解员工的心理和情绪，把注意力放在调动员工的积极性上，将会收到意想不到的效果。建立健全质量管理小组活动激励机制，可以充分调动员工的创造性，它是提高员工质量意识的基本手段。事实证明，不少质量管理小组通过开展活动掌握了 PDCA（Plān Đo Chečk Act）循环和科学方法，提高了思想水平、技术水平和解决问题的能力，从而被提拔为业务骨干或走上领导岗位。

荣誉激励就是企业和各级协会对取得优异成绩的质量管理小组给予表彰、授予荣誉称号、颁发荣誉证书等。荣誉奖励能够使员工充分认识到自身的价值，是对员工做出贡献的公开承认，可以满足人的自尊的需要，从而达到激励目的。小组每个成员都将为获得这一荣誉而感到自豪，同时也会为维护这一荣誉而努力。

5. 教育培养激励

教育培养激励就是对员工进行如何开展质量管理小组活动、如何当好质量管理小组活动推进者等知识的培训。选派质量管理小组骨干到上级举办的质量管理小组骨干培训班进行系统的培训，使他们掌握组织开展质量管理小组活动的知识和能力，或通过派出优秀质量管理小组代表参加各级质量管理小组活动成果发表会，作为教育培养的方法之一，通过交流，了解和学习不同企业、不同行业质量管理小组的好方法，从而受到更多的启迪。教育培养激励的作用是多方面的，不仅可以满足员工特别是青年员工对学习的求知欲望，还可以提高员工达到目标的能力，以胜任更艰巨的工作。

上述激励机制的建立能充分挖掘员工的潜能，对企业的发展壮大起到不可估量的作用。

第二章　质量管理小组概述

第一节　质量管理小组的概念

一、质量管理小组定义

质量管理小组（quality control circle），是由生产、服务及管理等工作岗位的员工自愿结合，围绕组织的经营战略、方针目标和现场存在的问题，以改进质量、降低消耗、改善环境、提高人的素质和经济效益为目的，运用质量管理理论和方法开展活动的团队。

质量管理小组概念包含了以下四层意思：

（1）参加质量管理小组的人员是企业的全体员工，不管是高层领导，还是各类管理者、技术人员、操作人员、服务人员，都可以是质量管理小组成员。其中企业领导应当成为质量管理小组活动的主要倡导者和推进者。

（2）质量管理小组活动选择课题是广泛的，可以围绕企业的经营战略、方针目标和现场存在的问题进行选题，选题要突出实效性。

（3）质量管理小组活动的目的是提高人的素质，发挥人的积极性和创造性，改进质量，降低消耗，节能环保，提高经济与社会效益。

（4）质量管理小组活动强调运用质量管理的理论和方法开展活动，突出其科学性。

质量管理小组是全面质量管理的重要一环，小组采取自愿结合的方式，依据质量管理活动理念，有的放矢地灵活应用相关的工具方法，自主学习、互相启发、深入思考、付诸实践，激发主观能动性，提升发现问题、解决问题的能力，为个人成长创造机遇，为实现组织绩效尽责尽力。质量管理小组活动不等于全面质量管理，它和全面质量管理既有交互、重叠，又有超出部分。超出全面质量管理的部分即是其无形效果，它发端于提高品质管理，扩展至培育人才、提升职场活力、推进企业体制的改善和发展，这是质量管理小组活动有别于其他的独特性。

二、质量管理小组特点

质量管理小组具有以下几个主要特点：

1. 自主性

质量管理小组不是依靠强制命令，而是实行自主管理，大家在一起为了相同目的，进行沟通对话，自我启发，相互启发，进行判断并付诸行动，职责明确、分工负责，充分发挥小组成员的聪明才智和积极性、创造性，引导和激励人们自觉提高自身综合素质与能力。

2. 群众性

质量管理小组是全员参与的活动，以员工自愿参加为基础，是吸引广大员工积极参与质量管理的有效组织形式。小组成员从生产的第一线，扩展到企业管理的不同层级，不仅包括施工现场第一线的操作人员，而且有技术人员、管理人员的参与和各级领导的支持。广大员工在质量管理小组活动中共同学技术、学管理，提高认知和思考，群策群力分析问题、解决问题，将质量管理落实到现场、落实到基层。

3. 民主性

质量管理小组由于是自愿组成的，小组的组长由组员民主推选，小组成员可轮流担任课题小组长以培养和发现管理人才。在小组内部讨论问题、解决问题时，不分职位与技术等级高低，成员相互之间是平等的，尊重少数意见，集思广益，充分发扬民主，通过民主性发现问题、解决问题，提高工作效率。

4. 科学性

质量管理小组在活动中遵循 PDCA 循环规律，步步深入地分析问题，解决问题。四个阶段及各个步骤是一项科学的、理性的活动，其逻辑关系紧密，环环相扣。在质量管理小组活动中强调用数据说明事实，用科学的方法来发现问题，分析与解决问题，而不是凭“想当然”或个人经验。质量管理小组活动还必须借助于工具和方法，采用基本的数理统计方法来分析问题，一步一步地去解决问题。

第二节　质量管理小组的组建

一、质量管理小组的组建原则

质量管理小组的组建工作，一般应遵循“自愿参加，上下结合”与“实事求是，灵活多样”的基本原则。

1. 自愿参加，上下结合

质量管理小组活动可以发挥人的主观能动性，可以营造文明和谐的现场工作氛围，可以增强企业的整体竞争能力，人们由此产生了自觉参与质量管理的愿望，自由组合成立质量管理小组，自主运营开展活动。小组成员不需要行政命令，将“要我做”转变成“我要做”，挤时间、创造条件进行自我学习。自我启发，相互启发，协力解决共同关心的问题。

强调自愿参加，并不意味着质量管理小组只能自发地产生，更不是说企业的管理者就可以放弃指导与领导的职责。管理者的组织、引导、启发与职工群众的自觉自愿相结合，根据企业实际需要，组建成具有企业文化特色的质量管理小组。可以说，没有广大职工群众积极参与和企业领导的支持，质量管理小组活动就不可能得到健康发展，不可能具有蓬勃、旺盛的生命力。

2. 实事求是，灵活多样

在组建质量管理小组时，一定要从企业的实际情况出发，以解决企业实际问题为出发点，实事求是地筹划质量管理小组的组建工作，不要盲目追求普及率。要以点带面，典型引路，让员工从身边实例中增加对质量管理小组活动宗旨的认识。加强质量管理知识的普及教育，逐步诱发其参与质量管理小组活动的愿望，使企业中质量管理小组像滚雪球一样地拓展。

由于各个建筑企业的特点不同，企业内部各部门、各分公司、各工程项目的特点也不同，因此在组建质量管理小组时，形式可以灵活多样。相同的班组可以开展长久的质量管理小组活动，施工企业可以组织三结合的技术攻关小组，施工现场可组织解决现场施工问题、攻克建筑质量通病的质量管理小组，物业管理或售后服务部门可建立与顾客沟通、提高服务满意度的质量管理小组等。形式多样，不拘一格，充分体现质量管理小组"小、实、活、新"的特点。

二、质量管理小组的组建程序

企业质量管理小组一般是以自愿结合的形式组建的。可以在工程项目部、企业管理部门组建，也可以跨项目部、跨企业管理部门组建。工程项目部可因地制宜，组织工程管理人员、技术人员和现场一线操作工人参加的三结合质量管理小组。由于各企业、各工程项目的情况不同，选择的活动课题不同等，所以组建质量管理小组的程序也不尽相同，大致可以分为以下三种情况。

1. 自下而上的组建程序

企业中从事工程建设、管理及服务等一线工作岗位的员工，为解决其所从事的生产工作和实际业务中存在的问题，自发地组建质量管理小组，自主地开展活动。一般由工程项目或管理部门的人员共同商定，组建质量管理小组，给小组取名字，推选组长人选，选择活动课题。基本取得共识后，由推选出的组长向所在单位主管部门申请注册登记，在主管部门审查认为其具备建组条件后，即可填写小组注册登记表和课题注册登记表，报主管部门备案，该质量管理小组组建工作即告完成。

这种组建程序通常适用于同班组、同工程项目或同部门成员组成的质量管理小组，所选课题是基于自己工作的本职、本岗，一般都是自己身边、手边力所能及的问题。这样组建的质量管理小组，成员的活动积极性、主动性很高，企业主管部门应给予支持和指导，包括对小组骨干成员的必要培训，以使质量管理小组活动持续有效地开展。

2. 自上而下的组建程序

由企业质量管理小组活动主管部门（一般为技术部门或质量管理部门）根据企业实际情况，提出全企业开展质量管理小组活动的设想方案，据此与分公司、工程项目部、企业各部门的相关负责人沟通组建质量管理小组，并提出组长人选，物色小组成员，确定选题。由小组填写注册登记表，经企业主管部门审核同意，完成质量管理小组组建工作。

这种组建程序较普遍地所选择的课题都是企业、部门或工程项目急需解决、有较大的技术难度、牵涉面较广的工程技术、机械设备、施工方法问题，而且其中很多课题都是由上级制定的综合性管理课题，需要企业、部门或分公司、项目部为质量管理小组活动提供一定的技术、资金等资源。这样组建的质量管理小组，紧密结合企业的方针目标，抓住并解决企业面临的关键问题，对企业带来直接的经济效益。又由于有领导与技术人员的参与，活动可以得到人力、物力、财力和时间的保证，利于取得成效。但注意不要使小组成员产生“完成任务”的被动感觉，影响其对活动的主动性和积极性。

3. 上下结合的组建程序

这种组建方式介于以上两者之间，通常是由企业质量管理主管部门根据当年生产、工作任务要求，推荐课题范围，员工根据自身所从事的实际业务和生产工作选择感兴趣的课题，自愿组合开展活动，以上下协商的方式来组建小组。小组组长由成员推选或上级指定后小组讨论确定，其他程序与前两种相同。这样组建小组，大家兴趣相同，主动性高，课题虽然由上级推荐，但也得到小组成员的主动认可，活动的积极性高，通过小组活动也解决了上级关注的难题。这种上下结合的组建形式，与前两种组建方式相比较，可取其所长，避其所短，应积极倡导。

三、质量管理小组的成员构成及人数

质量管理小组由组长和组员构成。每个小组的人数应根据所选课题涉及的范围、难度等因素确定，不必强求一致。通常情况下小组人数宜少不宜多，一般以 3~10 人为宜，使每个小组成员都能在小组活动中充分发挥作用。当课题发生变化或小组成员岗位发生变动时，小组成员人数可做相应调整。此外，在小组活动中可以由外部或内部推进者帮助和指导小组正确地开展活动，包括课题选定、问题分析、统计方法运用、总结评价成果等，如图 2–1 所示。

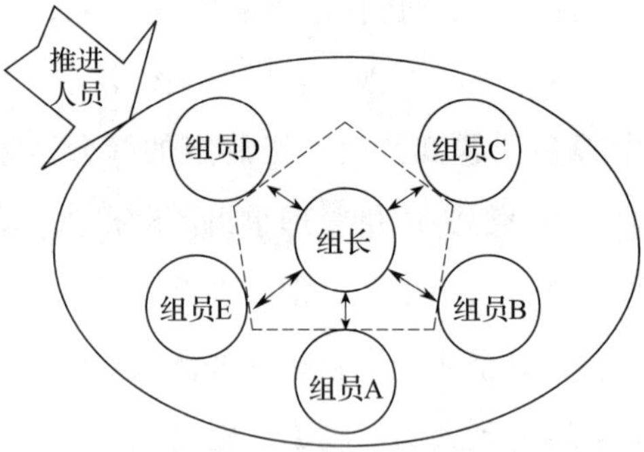

图 2–1　质量管理小组成员构成图

四、质量管理小组的名称

质量管理小组组建后，小组成员要为自己的小组命名，小组取名一般以简明、具有象征意义为原则，且应具有延续性，避免选择字数过多、冗长累赘的小组名称。如“起航”“卓越”“蓝天”“新起点”“奇思妙想”“幸福空间”等小组名称就比较简洁。

五、质量管理小组的注册登记

为便于管理，质量管理小组组建以后，应认真做好注册登记工作。注册登记是质量管理小组组建的最后一项工作。注册登记工作是由小组填报注册登记表，注册登记表是由企业主管部门自行设计，主要内容应包含小组名称、所属单位、组长、组员、成立日期、小组注册号等内容，填写完成后，交由企业质量管理小组活动主管部门进行登记编号和统一保管，并纳入企业年度质量管理小组活动管理计划中，便于企业对质量管理小组活动进行管理。对于注册登记的小组，企业会有针对性地进行指导和帮助，进行培训，发放学习材料，推荐其参加各级组织的发表活动，激励大家能够更踊跃地参与。

质量管理小组注册登记应每年进行一次，以便确认该质量管理小组是否还存在，或有什么变动。对于上一年度的活动课题没有结束，或本年度将开展新课题活动，都应一一注明，以把握质量管理小组持续开展活动的情况。一般情况下，对持续半年以上未开展活动的质量管理小组可以予以注销。

在质量管理小组注册登记的同时，还要进行其活动课题的注册登记，即在每选定一个活动课题，开展活动之前都要进行一次课题的注册登记，登记的内容应包含活动课题、课题类型、活动时间、课题注册号等。课题登记与小组的注册登记不同，不要混淆。

质量管理小组的注册 / 课题注册登记表可根据公司具体情况，参照表 2–1 编制。

表 2–1　质量管理小组的注册 / 课题注册登记表

单位名称			成立日期		
小组名称			小组注册号		
成　　员	姓名	职务 / 职称	岗位	学历	备注
组　　长					
副 组 长					
组　　员					

续表 2–1

课题名称			课题类型		
质量管理小组 人均培训时间					
指导者	国家级资格□　省市、行业级资格□				
上年度课题：					
项目部负责人			质量管理部门		

第三节　质量管理小组活动的宗旨和基本原则

一、质量管理小组活动的宗旨

质量管理小组活动的宗旨可以概括为以下三个方面：

（1）发挥人的主观能动性，激发员工的无限潜能。这是开展质量管理小组活动最重要的目的和意义，是企业管理从以物为中心的传统管理向以人为中心的现代管理转变的体现。日本质量管理创始人石川馨博士以“人性向善”的观点，创建了质量管理小组活动，就是基于人人都想做好工作的理念。质量管理小组之所以出现，就是源于人们对于品质的执着与用心。质量管理小组建立的目的，是由于在一线的员工虽然有改善质量的愿望，但苦于缺乏数理统计与质量管理知识的前提下，组织现场第一线员工以学习小组的形式，互相启发、互相帮助，一起学习、分享和实践质量管理的基本方法，将质量管理渗透并普及到现场第一线。从四十余年来的实践得知，质量管理小组活动，使员工能够参与到企业质量管理当中去，有效地促进和提升员工从事劳动的热情及工作价值的获得感，使员工自身潜在的智力和能力得到更大限度地发挥。伴随着能力的提高，员工实现了自己的期待和梦想，充分体会到自身的价值和工作的意义。

（2）以人为本，尊重人性，营造充满活力、文明和谐的现场工作氛围。现场是员工从事各种劳动，创造物质财富和精神文明的直接场所。通过开展质量管理小组活动，改善现场管理，实施诸如5S等现场改进，加强现场分类、标识、标准化、精细化管理，从而有效地改善现场环境，使员工在工作中心情舒畅。每个员工的工作都脱离不开单位和部门，在质量管理小组活动中，成员之间互相认可、互相尊重，充分发挥主观能动性，在对事物做出判断和决定时，对少数意见也同样尊重，推心置腹、真心对话，在拥有共同目标的前提下，进行讨论、决定，构筑愉悦和谐的职场氛围，每个人都更加明事理，使自己工作的部门充满阳光，从而有助于产生向心力和归属感。

（3）改进质量，降低消耗，保护环境，提高经济效益，增强企业的整体竞争能力。一个企业要想在激烈的市场竞争中立于不败之地，质量是第一位的。其产品质量、工作质量以及服务质量直接关系到企业的市场竞争力，甚至关系到整个企业的兴衰。因此，牢固树立质量意识，通过积极开展质量管理小组活动，不断改进产品质量、工作质量和服务质量，就不仅仅是关系个人利益的行为，更是关系企业兴衰的工作。降低消耗，既包括物质资源的消耗，也包括人力资源的消耗，是降低成本的主要途径，也是提高经济效益的最大潜力所在。开展质量管理小组活动，小组成员从自己身边、手边做起，通过改进、创新，增强效率意识、节约观念，降低消耗，节约成本，从而达到提高经济效益的目的。

质量管理小组活动对改进企业体制，促进企业发展，培养人才，增强现场实力是非常有效的，因此，必须要将其定位在经营管理的重要位置上。这样，企业的整体竞争能力和可持续发展能力才能稳步提高，每个人的回馈也会增加，企业才能充满活力，呈现出生机勃勃的局面。

二、质量管理小组活动的基本原则

质量管理小组活动的基本原则是遵循 PDCA 循环、以事实为依据、用数据说话等，运用专业技术和管理技术，解决所存在的问题或满足实际需求，不断进行质量改进和创新。

为了使员工更好地理解质量管理小组活动的基本原则在质量管理小组活动中的体现，做出质量管理小组活动基本原则示意图如图 2–2 所示。

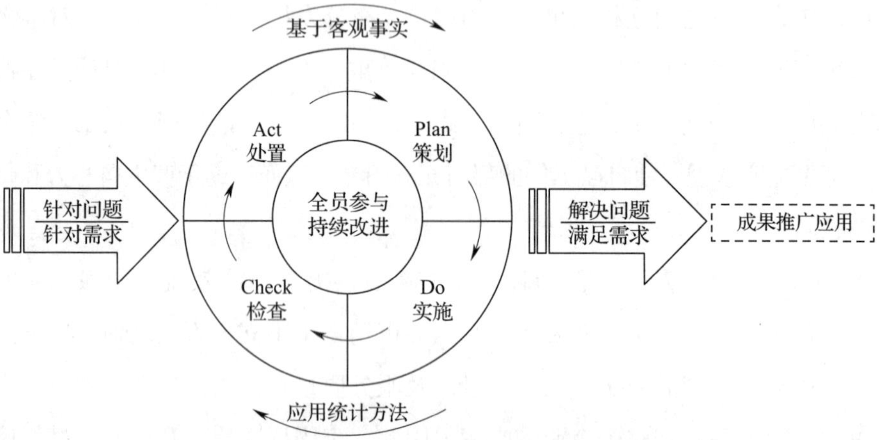

图 2–2 质量管理小组活动基本原则示意图

质量管理小组活动应遵循基本原则，建立起系统的质量管理小组活动架构。对质量管理小组活动进行明确的定位，即全员参与、持续改进和创新，这是质量管理小组活动不同于与之类似的 8D 问题解决方法（Eight Disciplines Problem Solving）、6σ 管理方法（Six Sigma）等其他方法的核心点。质量管理小组活动架构（质量管理小组活动基本原则示意图）具有很强的系统性，它的输入端，能够把两类课题清晰地表达出来，针对问题进行选题的是问题解决型课题，针对需求进行选题的是创新型课题；它的输出端，问题解决型课题是解决问题，创新型课题是满足需求；中间活动过程在遵循 PDCA 循环程序的基础上，强调基于客观事实，应用统计方法。

（一）全员参与

质量管理小组是各岗位员工自主参与质量管理、质量改进和创新的有效形式。组织内的员工自愿加入、积极参与群众性质量管理活动，不针对特定部门或人群，技术人员、其他部门人员都可以参加。强调群众性，体现全员参与，小组活动过程应充分调动、发挥每一个成员的积极性和创造性。

（二）持续改进

为提高员工队伍素质，提升组织管理水平，质量管理小组应长期坚持不懈地开展质量改进和创新活动。持续改进是质量管理小组活动的基本形式，通过每一个循环阶梯上升，质量管理成员解决问题的能力、团队意识、协作精神都会得到新的升华，实现持续改进、高效改进。同时，持续改进应注重实效。

（三）遵循 PDCA 循环

PDCA 的过程方法也可描述为 PDCA 循环，又叫戴明环，是管理学中的一个通用模型，最早由休哈特（Walter A. Shewhart）于 1930 年构想，后来被美国质量管理专家戴明（Edwards Deming）博士在 1950 年再度挖掘，广泛宣传，并运用于持续改善产品质量的过程中。PDCA 循环是能使任何一项活动有效进行的一种合乎逻辑的工作程序，特别是在质量管理中得到了广泛的应用，被称为质量管理的基本方法，也称为质量管理小组的科学思维理论，是质量管理小组活动的基础和灵魂。PDCA 循环程序是人们对活动规律的认识和总结，并在此基础上概括出来的科学的思维和行为模式，是解决质量管理小组活动课题的科学途径。在质量管理小组活动中，按照 PDCA 循环程序去思考问题、解决问题，将会起到事半功倍的效果。

1. PDCA 循环的内容

PDCA 是英语单词 Plan、Do、Check 和 Act 的第一个字母的组合，PDCA 循环就是按照这样的顺序进行质量管理，并且循环不止地进行下去的科学程序。P、D、C、A 四个英文字母所代表的意义如下：

P（Plan）——策划，包括方针和目标的确定以及活动计划的制定；

D（Do）——执行，执行就是具体运作，实现计划中的内容；

C（Check）——检查，就是要总结执行计划的结果，分清哪些是对的，哪些是错的，明确效果，找出问题；

A（Act）——处置，对总结检查的结果进行处理。对于成功的经验加以肯定并适当推广，予以标准化，或制定作业指导书，便于以后工作时遵循；对于失败的教训也要总结，以免重现。对于没有解决的问题，应提到下一个 PDCA 循环中去解决。

以上四个过程不是运行一次就结束，而是周而复始地进行，一个循环完了，解决一些问题，未解决的问题进入下一个循环，如此循环反复，阶梯式上升。

在问题解决型课题中，PDCA 循环四个阶段通常包含十个步骤；在创新型课题中，PDCA 循环四个阶段通常包含八个步骤。每个步骤上下承接，每一个步骤的输出和输入都是相关的，层层递进，前一个步骤的输出即为后一个步骤的输入。每一个步骤思路非常清晰，具有严密的逻辑性。

2. PDCA 循环的图形表达

PDCA 循环的图形表达如图 2-3 所示。

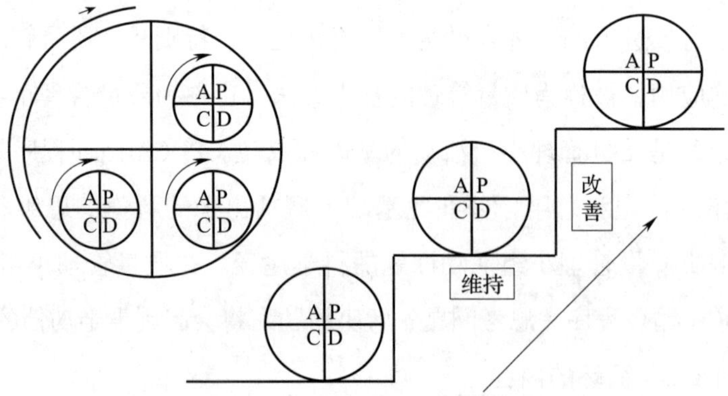

图 2-3　PDCA 循环的图形表达

3. PDCA 循环的特点

PDCA 循环有三个特点：一是按照顺时针的方向不停地旋转；二是每

转一个循环，上一个台阶，也就是按 PDCA 顺序前进，每循环一次，产品、服务、工作质量就提高一步，达到一个新的水平，在新的水平上再进行 PDCA 循环就又可以达到一个更高的水平；三是大循环套小循环，在不同阶段不同层次中存在各自的 PDCA 循环，大环推动小环，小环保证大环，互相制约、互相促进，形成综合循环体系。

（四）基于客观事实

质量管理小组活动过程应基于数据、信息等客观事实进行调查、分析、评价与决策，避免主观判断，使质量管理小组活动更具科学性。“以事实为依据，用数据说话”，这是质量管理小组活动必须遵循的理论基础。在 PDCA 循环中，小组为什么选择这样的课题，目标值的依据是什么，问题的症结在哪里，为什么确定这几条是主要原因，所制定的每一条对策是否有效，是否达到预期的效果，这些都应从事物所呈现出的表象中，采集确凿的数据加以客观地推导判断，环环相扣，而不是拍脑袋、凭感觉，主观分析判断。为了体现证据的客观性和科学性，就要做到“以事实为依据，用数据说话”，这种理论贯穿于小组活动的始终。

（五）适宜、恰当地应用统计方法

应用统计方法进行分析和判断是开展质量管理小组活动的重要特征之一。自 1978 年北京内燃机总厂第一个质量管理小组诞生至今，统计方法在质量管理小组活动中得到不断的拓展和应用。“新老七种工具”及其他统计方法成为质量管理小组活动的重要方法和基本工具。近年来，随着工程建设行业质量管理小组活动的推广和深入，一些统计方法在质量管理小组活动中的应用已经非常普遍。

质量管理小组活动中应适宜、恰当地应用统计方法，将收集到的数据和信息进行整理，通过数据和表、图的转换，更好地分析数据，从数据中获取所需要的结论，这是质量管理小组活动和其他改进方法的不同之处。所谓统计方法，是指有关收集、整理、分析和解释统计数据，并对其所反映出的问题做出一定结论的方法。在质量管理小组活动中，为取得证据，需要收集大量的数据，通过运用统计方法对庞杂的数据进行整理、分析，以直观、准确地反映出症结所在。比如，要判断总体质量，如不能做到全数检验时，需要随机抽取一定数量作为样本，从样本的质量状况来判断总体的质量水平。在优选一些参数试验验证时，为做到试验次数最少而得到的参数最佳，就需要运用统计方法来找出质量波动的状态和优化实验方案。工程建设行业统计方法的应用无处不在。为了了解和掌握工程质量的波动状况，如工程施工过程中的分项工程质量抽样检查、原材料进厂检验、机件加工过程中的质量检查等，都可以根据质量关注点的不同而合理选用相应的统计方法进行分析和判断。

统计方法的应用是质量管理小组活动科学性的重要体现。熟练、合理地应用统计方法，为科学、正确地开展活动奠定了基础，也为小组成员培养质量管理意识，激发质量管理潜能播下一粒种子。

第四节　质量管理小组活动课题类型

根据质量管理小组活动课题的特点、内容的不同，质量管理小组活动课题主要分为问题解决型课题和创新型课题两类。

对质量管理小组活动课题进行分类，一是可以为我们提供解决现场质量问题的有效思路，通过不断开展小组活动，可以熟练掌握各种行之有效的程序和方法；二是可以在成果总结时抓住问题的主线，过滤掉次要的枝节；三是便于发表交流与评审出优秀的活动成果。

一、问题解决型课题

问题解决型课题（problem-solving project）是小组针对已经发生不合格或不满意的生产、服务或管理现场存在的问题进行质量改进，所选择的活动课题。

例如，“降低 500kV HGIS 组合电器气体泄漏率”课题，源于质量管理小组发现某电厂 500kV 的 HGIS 组合电器自 2004 年安装至今，HGIS 组合电器气体泄漏故障率约为 0.96%，高于国家规定的 HGIS 设备年漏气率应小于 0.5% 的要求，因此选择该课题开展活动。

又如，房屋建筑工程中“降低厨卫间墙砖返修率”课题，源于小组成员在承接的某群体工程施工中，对已经竣工的部分单栋号工程验收时，发现厨卫间墙砖返修率高，于是决定自主选择这一活动课题，查找出返修率高的原因，并在后续的工程中加以改进。

又如，“提高初轧厂冷床齿条板弹簧钢套更换效率”课题，源于某初轧厂初轧生产线上，弹簧钢套在冷床齿条板上运送高温钢坯时是重要回转部件，在反复受到热辐射、冲击与振动等作用后易发生质量问题而报废，原有更换工艺检修时间长、资源耗费大、检修人员受伤害概率大，小组选择这一课题开展攻关，通过采用新型更换装置代替原有的人工锤击作业，显著提高了更换效率。

再如，某房屋建筑工程中开展的“降低 ×× 展览中心施工扬尘率”课题，即源于某公司在施工环境治理工作中出现的管理职能作用发挥欠佳，导致工作开展初期扬尘指标落实不到位的问题，公司领导紧紧抓住扬尘治理这一关键问题，组成了以公司领导层、项目部主要管理层人员为主的质量管理小组，通过查找症结，改进管理方法，取得了良好的效果。这是一个很好的管理型课题的选题方向。

二、创新型课题

创新型课题（innovative project）是质量管理小组针对现有的技术、工艺、技能和方法等不能满足实际需求，运用新的思维研制新产品、服务、项目、方法，所选择的活动课题。

创新型课题是对问题解决型课题的一种补充，着重于创新的过程。它既遵循了 PDCA 循环程序，又拓展了统计方法，同时又有它特定的程序。

创新型课题贵在创新，重在满足需求，是问题解决型课题的补充、升华和发展。如果选题在立意上侧重于满足需求，应按创新型课题的程序开展活动。

例如，“油气管道内自动清洁装置研制”课题属于产品类创新型课题。小组成员围绕着目前普遍采用的人工清洁方式存在劳动强度大、工作效率低、清洁质量无保障等弊端，提出了采用自动清洁装置代替传统的人工清洁方式。课题的提出具有创新性和挑战性，小组成员的奇思妙想通过一步步严谨的活动过程得以实现，既提高了工作效率，又把操作工人从繁重且危害人身健康的劳动中解放出来，创新价值大，符合质量管理小组活动创新型课题的要求。

又如，房屋建筑工程租赁业的“开发库存模板检索软件”课题属于软件项目类创新型课题。某租赁公司模板厂设计人员进行模板设计时，往往要调用厂内不同型号的库存模板用于新承接工程的模板设计，传统查阅方法烦琐、费时费力。为了方便查阅，减少设计人员检索库存模板的时间，解放劳动力，小组选择了开发检索软件这一创新型课题。课题完成后，对提高模板厂的整体管理水平有显著的促进作用。

再如，基础勘探工程中的“高压富水砂层中锚索施工技术创新”课题属于过程类的创新型课题。小组在南方某基础工程施工中，面对地基地质层锚索施工时出现涌水涌砂严重的难题，由于采用传统施工方法无法解决现有工况，经论证后，小组提出了创新锚索施工技术的活动课题。

工程建设质量管理小组活动课题主要以问题解决型课题居多，近年来，技术创新工作受到了工程建设行业的普遍重视，技术进步日新月异，活动内容越来越丰富，创新型课题也日渐增多。需要注意的是，不能只为追新求变而一味地选择创新型课题开展活动，应遵循实事求是的原则，根据现场的实际选择合适的课题类型开展活动。

第三章　问题解决型课题活动程序

第一节　活动程序概述

问题解决型课题根据目标来源不同分为自定目标课题和指令性目标课题，自定目标课题和指令性目标课题在活动程序上有所不同，如图 3–1 所示。

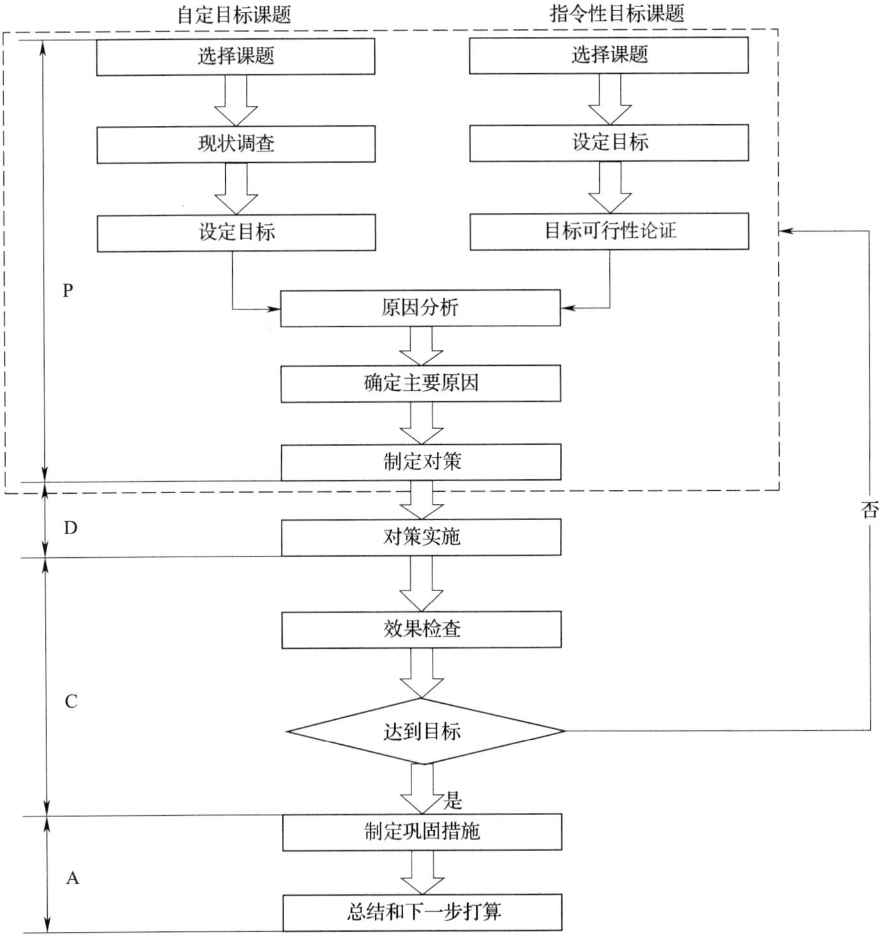

图 3–1　问题解决型课题活动程序

自定目标是指由小组成员共同制定的课题目标。自定目标课题来源于小组的主动意愿，是自主开展的课题活动，设定的目标也是小组选择好课题，根据现状调查的结果找到症结之后，通过测算小组现场改善的能力而确定的。

指令性目标是指上级下达给小组的课题目标，或小组直接选择上级考核指标、顾客要求等作为目标。通常包括：上级以指令形式下达给小组的目标，小组直接选定的上级考核指标，强制性标准（国家或者行业规范、规程的要求等），与顾客签订的合同的要求等。

如果是自定目标课题，应按照图3–1中左侧“自定目标课题”活动程序开展活动；如果是指令性目标课题，应按照图3–1中右侧“指令性目标课题”活动程序开展活动。

在图3–1中，“效果检查”未达到课题目标时，应返回到策划（P）阶段，分析未达到课题目标的原因。策划阶段哪一个步骤没有做好，哪一个步骤出现问题，就从哪一个步骤重新开始新一轮PDCA循环。

第二节 选择课题

选择课题是质量管理小组活动能否顺利开展的关键一步，科学地选择课题是小组活动成功的前提。

一、课题来源

课题一般来源于三个方面，即指令性课题、指导性课题和小组自选课题。

1. 指令性课题

即由上级主管部门根据企业（或部门）的实际需要，以行政指令的形式向小组下达的课题。这种课题通常是施工企业在生产经营活动中急需解决的课题，如技术攻关、质量薄弱点、管理难点、节能环保、节支降耗等方面的课题。这类课题带有强制性，小组应按照指定的课题开展活动。

2. 指导性课题

通常由施工企业的企管部门或者质量管理部门根据企业实现经营战略、方针、目标的需要，推荐并公布一批可供各质量管理小组选择的活动课题。如企业需要解决的工程质量、技术、管理、环保、节能、降耗等方面的难题以及业主反馈需要解决的问题等，列出若干个可供企业相关部门选择的活动课题，推荐给各小组。这类课题具有民主性，小组可根据本小组实际情况自由选择合适的课题开展活动。

3. 小组自选课题

小组围绕施工过程中存在的问题，根据其所在的施工单位或工程项目的实际情况，自行寻找、自行决定，选择适合小组开展活动的课题。在工程建设行业，小组自行选择的课题占的比例较大。

小组自选课题的来源：

（1）针对上级的方针、目标在本部门落实的关键点来选题。从这些方面选题，能够更好地贯彻落实上级的方针、目标，能够更好地体现上级的指示精神，也更容易得到领导的支持。如上级提出的有关提高工程质量、强化管理、改进施工工艺、节支降耗、环保、节能、安全生产、推广应用新技术、开发新工法、文明施工等方面的要求，需要在施工现场得到落实，这就需要质量管理小组围绕这些关键点来选择课题，开展活动，取得效果。选择这类课题时，质量管理小组在时间、物资、费用以及与外部协调方面，比较容易得到上级部门的支持和帮助。

（2）从质量、效率、成本、安全、环保等方面存在的问题去选题。从这些方面选题，更贴近工程项目实际。小组成员围绕工程施工合同的要求、工程特点、施工环境等，分析施工中可能遇到的困难和问题、优势与不足，通过现状调查的客观数据，分析判断在工作质量、服务质量、工程质量、施工效率、经济成本、安全、环境保护等方面存在的主要问题，加以归纳、提炼、统计分析，找出急需解决的课题，集中精力予以解决。

（3）从内、外部顾客及相关方的意见和期望去选题。“用户是上帝”“顾客永远是对的”是市场经济条件下施工企业的信条之一，也是质量管理的基本出发点。国际标准化组织（ISO）将顾客定义为“接受产品或服务的组织或个人”。对于企业而言，在为顾客提供产品的同时，也参与组织内、外部的各种社会化活动，与员工、股东、顾客、社会团体及合作方或分包方时刻保持互动关系。内部顾客指组织内部接受产品或服务的部门和人员；外部顾客指组织外部接受产品或服务的组织和个人，如建设单位、消费者、委托人、零售商和最终使用者等，包括最终消费者、使用者、受益者或采购方；相关方指与此相关联的监理、设计方、分包方、供应商、政府职能部门、社区等。

内、外部顾客及相关方的意见和期望，是小组必须重视并要解决的问题，把意见和期望选为活动课题加以解决，更能够体现为业主服务的思想。工程施工过程中或者竣工后，建设方、监理、设计单位反馈回来的意见和建议，都可以作为小组活动课题的来源。为此，设计调查表广泛收集顾客对所提供的产品或服务方面存在的问题和意见，作为质量管理小组活动的课题，不失为选题的好途径。

（4）从加强班组管理方面来寻找问题。每个工程施工现场或小组本身在管理、效率、安全质量、环保节能、过程能力控制、文明生产上，都不同程度地存在这样或那样的问题，这就需要小组召开会议，集思广益，针对工程施工中的薄弱环节、业主要求、工程特点等，结合小组自身实际，科学选定活动课题。例如，提高综合工时利用率、降低材料消耗、对管理体系认证过程中不符合项的改进等，选择这类活动课题，可以培养小组成员主动挖掘课题的能力，提高小组成员参与课题活动的积极性，同样会取得良好的效果。

（5）从现场文明施工方面寻找课题。员工每天都有三分之一的时间是在生产或工作现场度过的，如果现场环境整洁、干净，物品放置井井有条，人们在这样良好的现场环境中生产、工作，就必然会心情舒畅，有利于专心生产与工作，提高工作质量和效率。如果在一个脏、乱、差的现场，人们一到现场就会感到厌烦，必然会影响到生产、工作的质量及效率。因此在现场文明施工方面能够找到很多可以改进的课题。这类课题虽然难以计算出有多少直接经济效益，但其结果，能使小组每个成员享受小组活动的成果，也就是使其成为成果的直接受用者。解决这类课题完全符合“建立文明的、心情舒畅的生产、服务、工作现场”的质量管理小组活动宗旨。

总之，只要在小组成员的思想上牢固树立质量意识、问题意识、改进意识和参与意识，运用头脑风暴法等方法，集思广益，必然能找到许多可供选择的课题。

二、选题要求

（1）小组能力范围内，课题宜小不宜大。所选课题应在小组能力范围内，在技术上能做到，在管理上能协调。如果课题超出小组能力范围，即使小组付出再多努力也是难以完成的，即便完成了，效果也会不尽如人意。应选择小课题，以体现质量管理小组活动“小、实、活、新”的特色。所谓小课题，就是将影响工程质量、工期、安全、成本、效率或造成消耗、浪费等的具体问题选为小组活动课题。

例如，“降低地下室底板下层结构钢筋损耗率”“降低小半径曲线盾构隧道管片错台率”“提高高强螺栓穿孔率”等课题均以具体问题为选题。

小课题有以下三个方面的优点：一是易于抓住主要矛盾，解决具体问题；二是活动周期短，短小精干，易于取得成果；三是小课题是在本小组的施工现场，是自己身边存在的问题，通过小组的努力工作，得到改进，取得的效果也是小组受益，能够更好地调动小组成员的积极性。

大课题往往是综合性的问题，涉及的内容比较多，需要多部门通力合作才能完成，不是小组自身所能解决的。例如，“确保 ×× 高铁线路一次送电成功运行”“创建节约环保型工地”“确保 ×× 工程质量标准化验收一次达标”等课题，课题大，综合性过强。建议小组将大的问题分解为若干个具体问题，选择某一个关键的问题作为课题，有重点地加以解决。

（2）课题尽可能以特性值表达，其特性值应有可比性。需要解决的课题应是能把握现状，即问题严重到什么程度，与标准、要求之间的差距有多大，能以特性值明确表达，这样才能制定明确的目标，有的放矢地进行改进。改进后有没有达到预定的要求，也可以进行对比，以便明确改进的有效性。

例如，“降低京沪高速公路桥梁混凝土防水层修补率”“降低大跨度圆弧箱梁起吊成本”“减小天井钻机施工偏斜率”“缩短信息处理时间”“提高金属幕墙钢龙骨安装精度”等课题，均选择了用特性值表达方式。

但有的小组选择的课题是难以用特性值来表达的课题。例如，“实现网上跨地域工程质量控制”“完善施工现场安全提示”“实现工程项目远程控制及全过程管理”“高空连廊钢梁、钢柱的安装及施工质量控制”等。上述课题很难用特性值来表达，因此小组在活动过程中，难以把握现状，很难设定明确的目标，同时也就不能制定针对性很强的有效对策。这样会使小组成员产生困惑，就不能充分发挥小组成员的潜能和积极性。

有些人认为，有些课题可以选择用特性值来表达，但有些带有管理、服务特征的课题，由于其本身的特征，难以选择用特性值表达。其实，任何一项管理都是一种手段，它是为达到某项目的而服务的。因此任何管理、服务方面的课题，都能选择用数据表达。例如，对于生产管理部门，可以选择“提高均衡生产率”“缩短工程合同工期”“稳定实验车间的温、湿度”这样的具体课题；对于销售部门，则可选择“提高销售额”“提高 ×× 产品售后服务满意度”等具体课题；对于设备管理部门，则可选择“减少设备故障停机次数”“缩短设备大修理时间”等具体课题；对于财务管理部门，则可以选择降损、降耗、降低成本、改善某些财务指标等具体课题。

选择能用特性值来表达的课题，其特性值要有可比性。例如，“降低 ×× 工程不合格率”课题，现状不合格率是多少，小组设定的目标要降低到多少，通过改进后达到了多少，可以进行对比。又如，“降低大跨度圆弧箱梁起吊成本”课题，现状成本是多少，设定目标要降低到多少，通过改进后达到了多少，也可进行比对。上述特性值可以通过取得反映客观事实的数据来表达，因此这样的对比是合理的、科学的。

但有的课题所用的特性值数据却没有合理的可比性。如商业、服务行业经常选择“提高顾客满意率”作为课题，小组在改进前向顾客发放了调查表，对服务质量、环境设施等方面征求顾客满意或不满意的意见，把满意的顾客除以被调查顾客的总数得出“满意率”，以此作为课题的现状，然后制定目标，满意率要提高到多少。在分析原因，制定对策实施后，再向顾客发放调查表，征求顾客满意或不满意的意见，计算出“满意率”来进行效果对比。

用顾客的“满意率”来衡量课题的完成情况或改进的有效性，存在两个问题：一是顾客对满意或不满意没有一个客观的衡量标准，主观性很强。如顾客刚去过一个服务比你还要好的商店，就会对你的服务感到不满意，再如，刚去过一个比你还要差的商店，就会感到你的服务还可以。二是在活动前后所调查的顾客，不是同一批顾客，对改进前后的情况并不了解，只是按当时的情况来评价。因此，对顾客进行“满意率”的调查作为寻找问题的着眼点是可以的，但要以它作为主要特性值来衡量改进的有效性，则显然缺乏可比性。

（3）课题名称应直接针对所要解决的问题，应具体、明确。课题命名应抓住三个要素：对象、特性及结果，一般形式为“××○○⊿⊿”，其中：

“××”代表结果，即提高还是降低，增大还是缩小，改善还是消除；

“○○”代表对象，即产品、工序、过程、作业的名称；

“⊿⊿”代表特性，即质量、效率、成本、消耗等方面的特性。

例如，“降低地下室底板下层结构钢筋损耗率”课题，结果为“降低”，对象为“地下室底板下层结构钢筋”，特性为“损耗率”。又如，“提高弧形纯实木吸音板安装合格率”课题，结果为“提高”，对象为“弧形纯实木吸音板安装”，特性为“合格率”。

例如，“提高钢箱梁焊接合格率”“降低河砂消耗”“缩短××桥梁施工时间”“提高循环水系统的制冷温差”“提高计算机网络系统配线的一次合格率”等课题，均以上述形式命名。

（4）选题理由明确，有数据支撑。选题理由的陈述要明确、有数据支撑，应直接写出选此课题的目的性和必要性，不必长篇大论地陈述背景、目的、意义。可以把上级的要求（或客观的标准）是什么，现场存在问题的程度以及存在多大差距等，用数据、图、表的形式直截了当地表达出来，以直观地说明存在问题的严重程度以及解决问题的必要性和紧迫性。

三、常见问题

（1）课题无新意，重复老生常谈的课题。例如，一些小组重复围绕“焊接合格率”“玻璃幕墙安装精度”“混凝土后浇带施工合格率”“直螺纹连接位移”“混凝土外观质量合格率”等方面选题，但似乎始终无法彻底解决问题。有的小组从 20 世纪 80 年代就开始选择“焊接合格率”“阴阳角不方正”等方面的课题，延续多年仍在原地踏步，并且活动内容、活动形式基本没有多大的变化。

（2）课题综合性强，涉及面广，不是小组成员力所能及的课题。如“大断面隧道施工工艺的改进”“提高 ×× 工程项目质量标准化达标率”“创建绿色工地”等课题。

（3）小组所选课题包含了两个或多个内容。一个完整的质量管理成果，应该只解决一个方面的课题内容，并且这个课题内容应该是单一的、具体的、可以实施的。但有的小组在选题时，所选择的课题包含了两个或多个内容，这是不正确的。如“确保优质快速完成京塘码头工程”“提高轨道线路模拟试验的质量与效率”“沙朗特大桥创意性跨越中江高速与 105 国道安全施工质量控制”等课题。

（4）课题名称不简练，抽象化、公式化。有的小组用行政化的文章标题语言作为课题名称，采用“对策 + 目的或者手段 + 结果”的形式，课题大而空、口号式。如“科学组织、精心施工、志创 ×× 线国优样板工程”“树立铁军形象，争创一流工程”“采用 PC 机改造设备，降低设备故障率”等课题。

（5）课题只是定性描述，没用特性值表达。如“提高 ×× 预埋盒的准确性”“提高既有线施工石方控爆安全性”“加强 ×× 工程的混凝土质量控制”等课题。

（6）选题理由不够充分、明确，文字性的描述较多，应用图表、数据较少的课题。选题理由与选题无直接关系，没有围绕课题将上级的要求（或客观的标准）、目前的状况以及存在的差距描述出来。只是笼统地描述工程的重要性、上级的要求、如何树立企业形象等，与选题目的关联度不高，不能直接说明选此课题的必要性。

【例 3–1】“提高保温防尘风管的安装自检合格率”课题。

选题理由：

如图 3–2 所示。

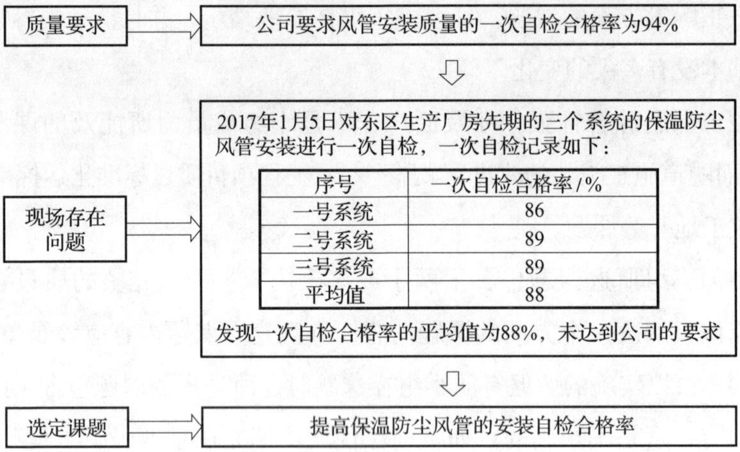

图 3–2 “提高保温防尘风管的安装自检合格率”课题的选题理由

案例分析：

该选题理由明确了公司要求，即风管安装质量的一次自检合格率为 94%，而现场实际情况是保温防尘风管的安装自检合格率仅为 88%，不能满足上级要求，因此选定“提高保温防尘风管的安装自检合格率”为小组活动课题。选题理由明确、简洁，有数据支持。

第三节 现 状 调 查

现状调查是自定目标课题的第二步，指令性目标课题是没有这一步的。

现状调查，就是在选择课题后，小组成员针对课题需要解决的问题，深入现场，通过调查取得数据，把握问题的现状和严重程度的过程。

现状调查的作用是通过充分收集有关课题的数据和事实，并恰当地进行分层整理，说明课题的具体状态，直至找到课题的具体症结，确定改进方向和程度，以便为课题目标的设定和原因分析提供依据。

现状调查是一个很重要的环节，在整个质量管理小组活动程序中起到承上启下的作用。

一、收集的数据和信息具有客观性、全面性、时效性、可比性

收集的数据和信息应反映课题的现状，具有客观性、全面性、时效性、可比性。

1. 客观性

客观性指收集的数据应为实际测量或记录的真实数据。一切数据均要来源于现场、来源于客观，要有客观依据。避免只收集对自己有利的数据，或者从收集的数据中只挑选对自己有利的数据而忽略其他虽然不利但客观存在的数据。

2. 全面性

全面性指多维度把握课题的状态数据，以及不局限于已有统计数据，也要重视到现场去观测、测量、跟踪，直接掌握第一手资料，以掌握问题实质。

3. 时效性

时效性指收集的数据要有时间约束，能真实反映现状。要收集同一时间段的数据，才能真实反映现状。间隔时间长的数据，虽然来源客观，但不具有参考价值，无法进行对比分析。

4. 可比性

可比性指数据的特性和计量单位应一致、可比。收集数据的样本数、地点、时间、规模、类别、施工工艺等要有约束性，不可比的数据不能作为说明采取对策有效性的证据。例如在炎热的夏季与寒冷的冬季所收集的数据就不具可比性。

二、对数据和信息进行分层、整理和分析

对现状调查取得的数据、信息要进行分层、整理和分析，以便找到问题的症结。通过数据分析，找出主要问题，但不一定是问题症结，可以在

此基础上，到现场做进一步的分层调查，取得数据后再进行分析，直至找到问题的具体症结，这样才能抓住问题的实质。可以按操作人员、设备、作业方法、材料、时间、环境等分层标志进行分层分析，直至找到问题的症结。分层法的具体做法详见第八章“常用统计方法”第一节中的分层法内容。

三、明确现状，找出症结，确定改进方向和程度

现状调查的基本任务有两个：一是要把握问题的现状，掌握问题严重到什么程度；二是要找出问题的症结所在，以确认小组应从何处着手改进。

小组确定课题后要对现状进行全面、彻底地调查。如果在选题时已经掌握了总体情况，也应进一步分层将具体情况调查清楚，以便从中发现规律性的东西。

那么，为什么要找到课题的症结所在呢？我们所选择的课题，往往是一个综合性的问题。如要解决某分项工程的不合格品率高的问题，而该分项工程从原材料投入到分项工程验收要经过多道工序，每一道工序都有可能产生不合格项，但并不是每道工序产生的不合格项数量相同，并且每道工序所产生不合格项的原因也是各不相同的，如果笼统地针对“某分项工程不合格品率高”来分析原因，不但针对性差，而且往往会无从着手。因此，要解决该问题，就应首先找出它的主要矛盾，就要对每道工序所产生的不合格项进行统计，找出其中产生不合格项多的工序，而每道工序还有若干问题项目，应该针对工序做进一步分层，直至找到课题的问题症结。把问题症结解决了，则整个工程的不合格品率就会大幅度下降。

四、为目标设定和原因分析提供依据

现状分析清楚后，找出了问题的症结所在，但仅仅这样，任务还没有

完成，必须对问题的症结进一步分析，为设定目标提供依据。对于问题症结的分析，应该说明解决了这些主要问题，使得现状得到改善的程度。也就是说，解决了问题的症结，合格率可以提升多少个百分点，或者成本能够降低多少值，这样才能为设定目标提供科学的依据。现状调查为设定目标提供依据分析，必须用数据说话，只有这样，设定的目标才能够满足客观、合理的要求。

五、现状调查的数据来源

现状调查的数据可以从小组成员到施工现场进行实测、实量中取得，也可以从企业历年来完成的工程验收报表 、工程质量记录中取得，还可以从其他企业施工的工程质量记录中取得。

六、常见问题

（1）现状调查收集数据缺少客观性，有些小组成员没有到现场进行实测实量或从企业统计报表、工程质量记录中取得数据，而是小组成员根据经验分析得出数据，不能准确反映出课题的现状，以致小组活动无法达到预期的效果。

（2）对于综合性的课题，在做现状调查时，没有考虑从多种角度分层整理，没有分层查找直至找到课题的具体症结，而是浮在表面，浅尝辄止，没有挖掘出问题核心，使小组活动的效果受到影响。

（3）现状调查没有去查找问题，而是去分析潜在的原因。

（4）统计工具应用不适宜、不正确。

【例 3–2】“提高钢板网外架防护体系一次安装合格率”课题。

现状调查：

××月××日，小组成员×××和×××对B座北立面第一排至第九排已经安装完成部位进行质量检查，共检查658个点，存在质量问题的点为80个，质量合格率仅为87.8%。具体质量问题见表3–1。

表 3–1　钢板网外架安装质量问题调查表

序号	项　目	频数 / 个	频率 /%	累计频率 /%
1	外挂钢板网外观质量差	40	50.0	50.0
2	外架防护体系固定不牢固	32	40.0	90.0
3	脚手架变形倾斜	4	5.0	95.0
4	通道口扭曲变形	2	2.5	97.5
5	其他	2	2.5	100
合　计		80	100	

制表人：×××　　　　　　　　　　　　制表时间：××××年××月××日

根据调查表的数据，绘制出钢板网外架安装质量问题排列图，如图 3–3 所示。

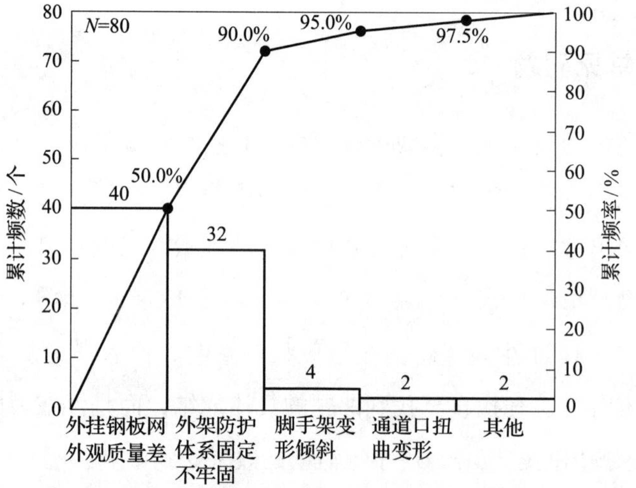

制图人：×××　　制图时间：××××年××月××日

图 3–3　钢板网外架安装质量问题排列图

由图 3–3 可以看出，“外挂钢板网外观质量差”和“外架防护体系固定不牢固”两方面问题非常突出，占全部质量问题的 90%，小组成员认为可以从这两个方面进一步深入查找课题症结。××月××日下午，小组成员×××和×××在 B 座北立面针对“外挂钢板网外观质量差”这一问题进行调查，具体问题见表 3–2。

表 3–2　外挂钢板网外观质量差质量问题调查表

序号	项　　目	频数 / 个	频率 /%	累计频率 /%
1	左右相邻钢板网底部不顺直	27	47.4	47.4
2	左右相邻钢板网之间存在缝隙	24	42.1	89.5
3	角部钢板网倾斜角度超差	3	5.3	94.8
4	底部钢板网接触不实	2	3.5	98.3
5	其他	1	1.7	100
合　　计		57	100	

制表人：×××　　　　制表时间：××××年××月××日

根据调查表的数据，绘制出外挂钢板网外观质量差质量问题排列图，如图 3–4 所示。

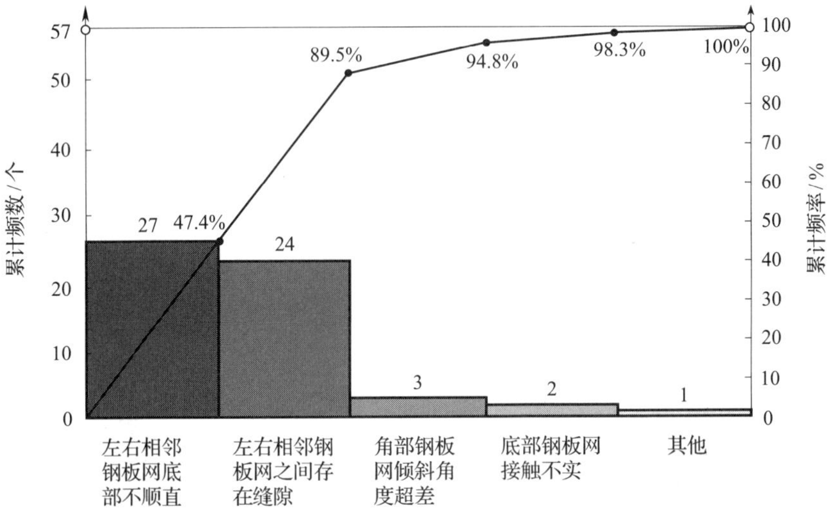

制图人：×××　　　　制图时间：××××年××月××日

图 3–4　外挂钢板网外观质量差质量问题排列图

由图 3–4 可以看出，“左右相邻钢板网底部不顺直”和“左右相邻钢板网之间存在缝隙”占总质量问题的 89.5%，是外挂钢板网外观质量差的问题症结。

××月××日下午，小组成员×××和×××在 B 座北立面针对“外架防护体系固定不牢固”这一问题进行调查，查找到一些具体问题项目，具体问题如表 3–3 所示。

表 3–3　外架防护体系固定不牢固质量问题调查表

序号	项　目	频数 / 个	频率 /%	累计频率 /%
1	钢板网与脚手架间固定不牢靠	39	73.6	73.6
2	相邻钢板网间固定不牢靠	7	13.2	86.8
3	连接件与脚手架间固定不牢靠	3	5.6	92.4
4	连接件与外墙间固定不牢靠	2	3.8	96.2
5	其他	2	3.8	100
合　计		53	100	

制表人：×××　　　　　　　　　　　　制表时间：×××× 年 ×× 月 ×× 日

根据调查表的数据，绘制出外架防护体系固定不牢固质量问题排列图，如图 3–5 所示。

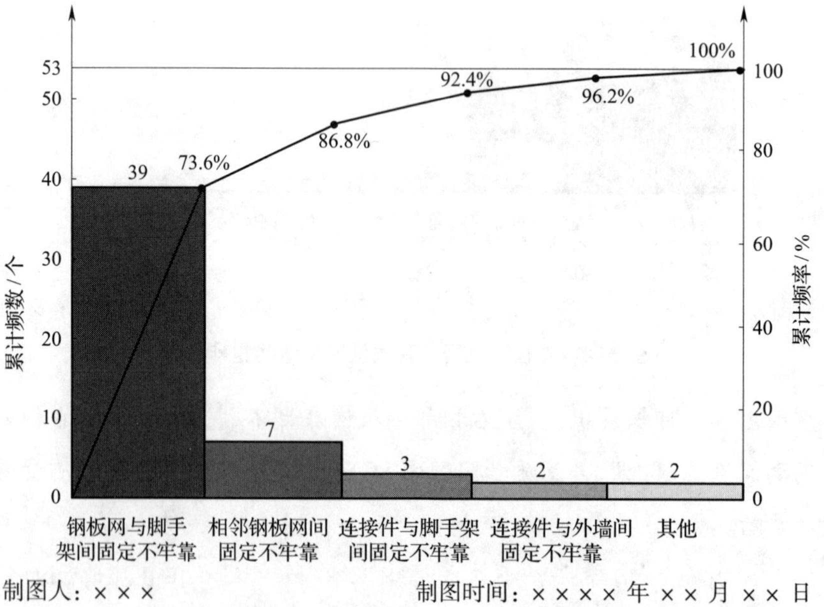

制图人：×××　　　　　　　　　　　　制图时间：×××× 年 ×× 月 ×× 日

图 3–5　外架防护体系固定不牢固质量问题排列图

由图 3-5 可以看出，“钢板网与脚手架间固定不牢靠”占问题总数的73.6%，是外架防护体系固定不牢固的具体症结。

案例分析：

该小组在对已经安装完成的钢板网外架进行质量检查时，收集数据，发现“外挂钢板网外观质量差”和“外架防护体系固定不牢固”两方面问题非常突出。然后小组又进一步深入分析，查找更加具体的症结，通过分层排列，找到三个具体问题：“左右相邻钢板网底部不顺直”“左右相邻钢板网之间存在缝隙”“钢板网与脚手架间固定不牢靠”。现状调查数据翔实，分层清晰，问题症结具体，为下一步设定目标、原因分析提供了依据。

第四节 设 定 目 标

设定目标是自定目标课题的第三步，是指令性目标课题的第二步。

设定目标，就是明确要把问题改进到什么程度，也是为检查活动的效果提供依据。做任何事情都要制定目标，有了目标，才会有方向和动力。质量管理小组活动也是如此。小组活动围绕目标展开，在分析原因、确认要因、制定对策及对策实施之后，再通过现场数据调查、统计分析，检验实施的结果是否达到了预期目标。

一、目标设定的原则

1. 目标要有一定的挑战性

设定的目标要具有挑战性，要通过小组的奋力攀登才能达到，这样才能更好地调动小组全体成员的积极性和创造性。当经过努力，克服困难，达到所设定的目标时，才能感受到达到目标后的乐趣，真正体会到自身的价值，更好地鼓舞小组的士气。

因此，许多小组常运用水平对比法，把同行业、同专业、同工种所达到的先进水平作为小组的目标，或本小组历史上曾经达到过的最高水平作为小组目标，以体现小组的必胜信念。

2. 目标应是通过小组的努力可以达到的

如果把目标定得过高，虽然很有挑战性，但小组千方百计、努力攻关，仍达不到目标，便会挫伤小组成员的积极性。为此设定的目标既要有一定的挑战性，又是经小组努力可以达到的。

二、目标的来源

课题目标来源分为自定目标和指令性目标，自定目标、指令性目标的概念已经在本章第一节中做了专门介绍，这里不再赘述。

对于指令性目标，没有“现状调查”程序，因为指令性目标是小组成员不能改变、必须完成的，小组要对目标能否实现进行可行性论证，说明现实情况与指令性目标之间的差距如何，差距的症结所在，围绕症结所在收集数据，进行深入的分层分析，来分析论证目标完成的可行性。

三、目标设定要求

1. 目标应与小组活动课题相一致

所谓目标，就是指课题目标，是小组活动最终实现的目的和结果，也是检验活动效果的重要指标。课题确定以后，小组应该知道课题所要达到的理想状态是什么，也是课题所要达到的最终目的和结果，设定目标，就要针对课题而设定，与课题无关的目标不能设为目标。

例如，“提高保温防尘风管的安装合格率”课题，合同要求安装合格率不低于 95%。小组通过现状调查找到“封边粘胶带松脱”为课题症结，通过计算解决该症结后，设定小组活动目标为保温防尘风管的安装合格率由目前的 88% 提高到 96%，目标设定与活动课题相一致。

2. 目标数量不宜多

目标是围绕课题目的设定的，以一个为宜。如果目标设定过多，小组活动必然要分别以多项目标为中心进行，使解决问题的过程非常复杂，使整个活动的逻辑混乱。如果有多个性质不同的目标，应采用多个课题予以解决为好。

例如，“提高钢板网外架防护体系一次安装合格率”课题，目的是提高安装合格率，小组通过计算，和同行业对比、分析，课题目标确定为钢板网外架防护体系一次安装合格率由目前的87.8%提高到95%。

3. 目标可测量，可检查

小组活动目标应尽可能量化，如果不能量化，至少可以采用测量机具、检查手段进行测量。

按活动目标的结果，小组活动目标可分为定性目标和定量目标两种。

（1）定性目标是只确定目标性质，而没有具体量化的目标。定性目标一般不作为小组活动目标，设定这样的目标，经过小组活动改进后的结果无法具体衡量，无法明确是否已经达到预定的目标。因此，质量管理小组活动不提倡以定性目标作为小组的活动目标。

例如，“提高 ×× 工程施工进度”课题，其目标设定为“确保完成月度施工计划”，为定性目标，无法进行量化考核，这样的目标设定不适宜。

（2）定量目标是具有明确的量化的目标值。一般小组活动目标应为定量目标，量化的目标可以通过活动改进后进行检查、对比，明确是否达到预定的目标。

例如，小组设定的目标为钻孔偏斜率由0.03%降低到0.01%，就是一个量化的目标，可以进行对比检查。

四、目标设定依据

对于自定目标课题，小组在设定目标时，应采用事实和数据作为设定目标的依据。可考虑以下内容：

（1）上级下达的考核指标或要求。小组在设定目标时，可参考上级的考核指标或产品、工艺的规格要求，结合自身的实际情况，设定小组活动的课题目标。

例如，某公司混凝土轨枕产品的生产线，上级要求班产 400 根，但投产后一直未达到该要求，最高只达到班产 350 根，平均班产 335 根。小组经过现状调查，找到了问题的症结所在后，参考上级指标要求，制定了班产 410 根的目标值，这样设定目标是有依据的。

（2）顾客需求。在工程施工中，工程建设方、设计方、监理方等提出的要求，或者工程合同中约定的某项指标，均可以作为小组活动的目标。

（3）国内外同行业先进水平。与同行业先进水平的企业进行水平对比，在工程规模、施工工艺、设备条件、人员条件、环境条件等方面类似的情况下，可将其达到的水平作为设定目标的参考。

（4）组织曾经达到的最好水平。小组所在的组织（班组、项目、分公司等）历史上达到过的最好水平，现在部分条件又得到了改善，就应该稳定达到这个水平。

例如，某工程项目部施工一栋住宅楼，不合格率平均达到了 7.5%，大大超过合同约定指标小于或等于 3.3% 的要求，为此，小组选择了“降低住宅楼质量验收不合格率”课题。通过现状调查，小组设定目标为住宅楼质量验收不合格率由目前的 7.5% 降低到 3%。小组成员查阅了上一年同期施工质量原始记录，并且附了一张调查表，从表中看出该项目部过去施工中不合格率曾有低于 3% 的记录，说明小组自定的 3% 的目标是有依据的。

（5）针对症结，预计其解决程度，测算课题将达到的水平。通过现状调查，找出课题的症结所在，预计课题症结的解决程度，进行测算分析，作为课题目标设定依据。如果课题很小，本身就是症结，则预计课题的解决程度，以此为依据设定课题活动目标。

例如，某工程机械公司生产的某种机械配件废品率高达16%，大大超过了上级考核指标的5%，于是小组以“降低××机械配件制品废品率”为课题开展活动。在现状调查中，通过对上月产生的195件废品的缺陷统计分析，“表面粗糙”占缺陷总数的48%，“光洁度不够”占缺陷总数的36%，两种缺陷占缺陷总数的84%，这两种缺陷是造成废品率高的症结所在。只要把这两种缺陷解决，废品率就会大幅度降低。针对这两种缺陷，通过改进，能解决到什么程度，小组成员在一起讨论进行了预计。认为解决它们的85%是能够做到的，并按此进行估算：84%×85%×16%=11.4%，即两种缺陷都解决85%，废品率就能降低11.4%。因此，小组设定目标值为废品率从原来的16%降低到5%以下。

虽然这个小组目标设定依据计算方式是可以的，但85%的缺陷解决程度来历不明，缺少客观数据说明。

五、常见问题

（1）未针对课题设定目标。

（2）目标设定过多。

（3）目标没有量化。

（4）目标没有根据现状调查的相关数据设定，而是根据经验先设定目标再推算课题或课题症结的解决程度。

（5）小组目标与工程项目、公司、项目部、施工班组目标相混淆。这些目标与质量管理小组活动目标不是一个层次的概念，质量管理小组活动目标一般区别于这些目标，不能将其混为一谈。

【例3–3】“提高单元式玻璃幕墙槽式埋件安装合格率”课题。

现状调查：

小组成员对E08、E09两楼已安装完成的埋件进行了随机抽查，共检查 200 个点，不合格点数为 35 个，合格点数为 165 个，合格率仅为 83%。质量问题统计如表 3–4 所示。

表 3–4　埋件质量问题统计表

序号	问　题	频数 / 个	累计频数 / 个	频率 /%	累计频率 /%
1	埋件水平位置偏差	15	15	43	43
2	埋件标高偏差	12	27	34	77
3	埋件平整度偏差	2	29	6	83
4	埋件本身质量缺陷	2	31	6	89
5	埋件损坏	2	33	6	95
6	其他	2	35	5	100
合　计		35	—	100	—

制表人：××× 　　　　制表时间：×××× 年 ×× 月 ×× 日

绘制埋件质量问题饼分图如图 3–6 所示。

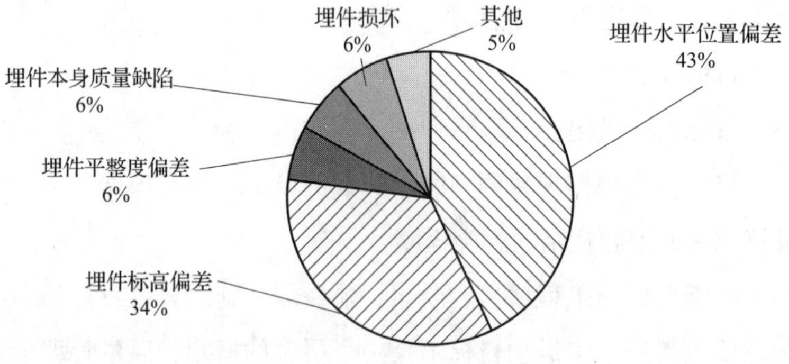

制图人：××× 　　　　制图时间：×××× 年 ×× 月 ×× 日

图 3–6　埋件质量问题饼分图

由图 3–6 可以看出，“埋件水平位置偏差”和“埋件标高偏差”（合计占比 77%）是影响埋件安装合格率的问题症结。

设定目标：

经过小组讨论，考虑到一些不可预见因素，将幕墙埋件安装合格率达到 95% 作为本次质量管理活动的目标，如图 3–7 所示。

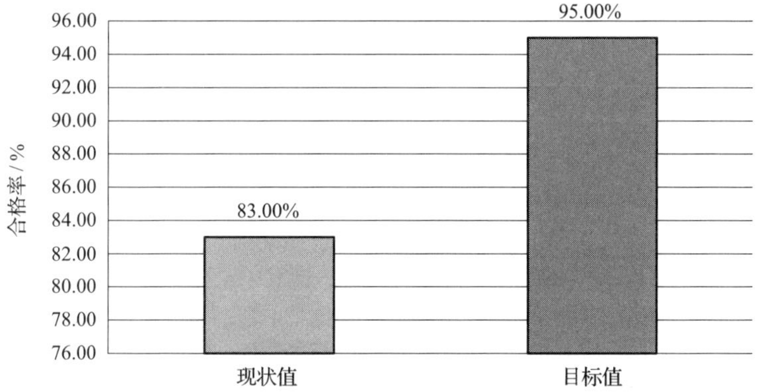

制图人：× × ×　　　　　　制图时间：× × × × 年 × × 月 × × 日

图 3–7　活动目标图

目标设定依据：

（1）作业规程要求单元式玻璃幕墙槽式埋件安装合格率不能低于 94%。而小组确定的目标 95% 高于作业规程规定。

（2）由现状调查可知，“埋件水平位置偏差”和“埋件标高偏差”为埋件合格率低的主要症结，合计占比 77%。经过对课题症结的分析，小组认为现有的技术能力能够解决这两项症结。只要解决埋件水平位置偏差、埋件标高偏差这两个问题症结，就可以把埋件合格率提高到 83%+（1–83%）×77%=96%。

经过以上分析，考虑到一些不可预见因素，将幕墙埋件安装合格率 95% 作为本次小组活动的目标。

案例分析：

该课题为自定目标课题。通过现状调查找出两个课题症结，针对症结，小组确定课题目标为 95%，高于作业规程规定的 94%。然后针对课题症结预计解决问题程度，通过计算得出，解决这两项症结后，埋件合格率可以提高到 96%，目标设定依据充分。

第五节 目标可行性论证

目标可行性论证是指令性目标课题的第三步，自定目标课题是没有这一步骤的。

一、目标可行性论证的内容

1. 寻找差距，即现状与目标值之间的差距

目标设定后，小组要对课题的现状进行调查，把握课题的现状，通过数据说明与目标的差距在什么地方、有多少，以明确问题的改进程度。

2. 寻找课题症结

现状与目标的差距明确后，小组要收集数据和事实，运用恰当合理的统计工具对取得的数据进行整理分析，找到课题的症结。如果找到的症结还是一个比较综合的问题时，应做进一步分层分析，直至找到课题的具体症结，以便为原因分析提供依据。

3. 目标实现的论证

（1）国内外同行业先进水平。与国内外同行业先进水平的企业进行对比，在工程规模、施工工艺、设备条件、人员条件、环境条件等方面类似的情况下，先进企业达到的水平，我们也可以达到。

（2）组织曾经达到的最好水平。小组所在的组织历史上达到过这个水平，随着技术的发展和进步，施工条件的改善，以这个水平为目标是可行的。

（3）把握现状，找出症结，论证需解决的具体问题，以确保课题目标实现。在进行目标可行性论证时，与自定目标值的现状调查步骤相同之处是要收集数据，把握课题的当前状态，找出问题的症结。与现状调查的不同之处，是对指令性目标值进行测算分析时，可不受课题症结的限制。如

果测算课题症结的解决程度后仍不能达到指令性目标要求，应将课题症结之外的问题，顺次纳入进行测算分析，直至达到指令性目标要求。

二、常见问题

对指令性目标课题，将可行性论证与现状调查混淆，用指令性目标直接推算课题症结的解决程度，而未考虑症结以外的其他问题。

【例 3–4】“提高混凝土结构预留洞口合格率”课题。

设定指令性目标：

公司要求：混凝土结构预留洞口合格率为 91% 以上，如图 3–8 所示。

小组活动目标：混凝土结构预留洞口合格率提高到 91% 以上。

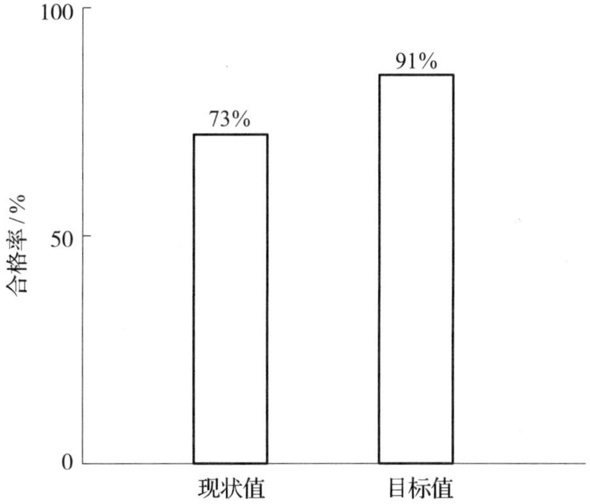

制图人：××× 　制图时间：×××× 年 ×× 月 ×× 日

图 3–8　设定目标柱状图

目标的可行性论证：

小组成员对公司正在施工的 6# 住宅楼已施工完成部位混凝土结构预留洞口质量情况进行了调查，共计调查 400 点，其中问题点数为 108 点，不合格率为 27%，合格率为 73%。根据调查洞口质量问题发生的部位，制定调查表如表 3–5 所示，绘制排列图如图 3–9 所示。

表 3–5　混凝土结构预留洞口质量问题部位调查表

序号	问题部位	频数 / 个	频率 /%	累计频率 /%
1	电箱洞口	77	71.3	71.3
2	水电套管洞口	12	11.1	82.4
3	烟风道洞口	9	8.3	90.7
4	窗洞口	7	6.5	97.2
5	门洞口	3	2.8	100
合　计		108	100	

制表人：×××　　　　　　　　　　　　　　　制表时间：××××年××月××日

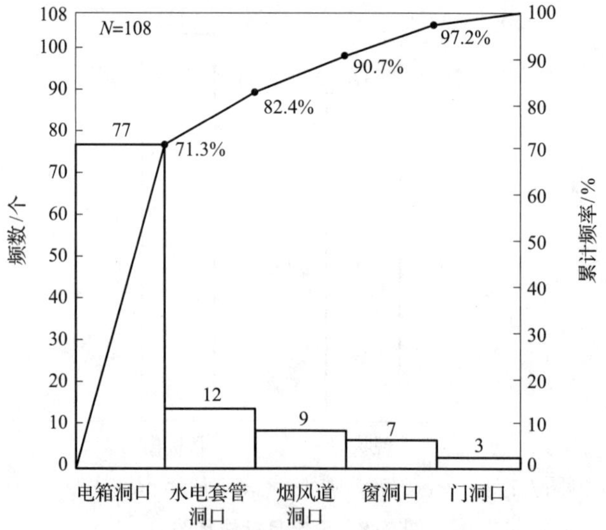

制图人：×××　　制图时间：××××年××月××日

图 3–9　混凝土结构预留洞口质量问题部位排列图

结论：由图 3–9 可以看出，“电箱洞口质量问题”是混凝土预留洞口质量问题中的主要问题。针对“电箱洞口质量问题”继续进行调查，制定调查表如表 3–6 所示，绘制排列图如图 3–10 所示。

表 3-6　电箱洞口质量问题调查表

序号	问题项目	频数 / 个	频率 /%	累计频率 /%
1	电箱洞口对角线尺寸偏差	36	46.8	46.8
2	电箱洞口四边不顺直	33	42.8	89.6
3	电箱洞口中心线位置偏差	4	5.2	94.8
4	电箱洞口缺棱掉角	2	2.6	97.4
5	其他	2	2.6	100
合　计		77	100	

制表人：×××　　制表时间：××××年××月××日

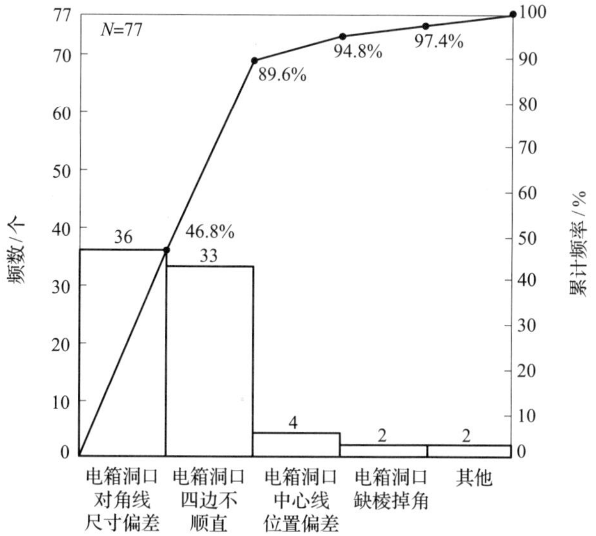

制图人：×××　　制图时间：××××年××月××日

图 3-10　电箱洞口质量问题排列图

结论：由图 3-10 可以看出，“电箱洞口对角线尺寸偏差”和“电箱洞口四边不顺直”为问题症结。

小组成员讨论认为，“电箱洞口对角线尺寸偏差”和“电箱洞口四边不顺直”这两个症结可以全部解决，则具体测算如下：73%+（1–73%）×71.3%×89.6%=90%，可将混凝土结构预留洞口合格率提高到 90%，是不能达到指令性目标值（90%<91%）的。因此，还要进一步解决排列图中第三位的“电箱洞口中心线位置偏差”问题。经小组成员论证，该问题可以全部解决，于是再测算：73%+（1–73%）×71.3%×94.8%=91%，该测算值合格率达到 91%（指令性目标要求），因此，这次活动必须解决“电箱洞口对角线尺寸偏差”“电箱洞孔四边不顺直”“电箱洞口中心线位置偏差”三个具体问题，才能实现指令性目标值。

同时，小组成员对获得詹天佑大奖的优质工程——沁园春景工程项目进行参观调研，收集其原始数据进行统计分析，其混凝土结构预留洞口合格率达到 92%。

由此得出结论，该课题的指令性目标可行。

案例分析：

小组设定目标“混凝土结构预留洞口合格率为 91% 以上”，该目标与公司要求相同，即为指令性目标，需进行目标可行性论证。针对课题，小组收集数据，把握课题当前的状态，找出“电箱洞口对角线尺寸偏差”“电箱洞孔四边不顺直”两个问题症结。通过测算得知，这次活动必须解决“电箱洞口对角线尺寸偏差”“电箱洞孔四边不顺直”“电箱洞口中心线位置偏差”三个具体问题，才能实现指令性目标值。目标可行性论证数据翔实，客观充分。

第六节 原因分析

影响课题的症结已经明确，目标也已设定，接下来就可以针对课题或课题症结进行原因分析。

一、原因分析要求

1. 要针对问题或症结进行原因分析

小组选题大多是带有综合性的课题，针对课题进行现状调查，找出课题症结后进行原因分析。如果课题非常小、比较具体，本身就是症结时，也可以直接针对课题进行原因分析。

2. 问题和原因之间的因果关系清晰、逻辑关系紧密

问题和原因的逻辑关系可以是因果关系，也可以是包含关系。在进行原因分析时，要逐层分析清晰、透彻，运用逻辑思维，不断深入地探索“为什么”“包含什么”，一层一层地细化、具体化，直至找到末端原因。

3. 分析原因要展示问题的全貌

分析原因要从各个角度把有影响的原因都找出来，尽量避免遗漏。为此，可从“5M1E”即人（Man）、机器（Machine）、材料（Material）、方法（Method）、环境（Enviroment）、测量（Measure）几个角度展开分析。

在原因分析的小组会上，组长应从展示问题的全貌入手引导小组进行讨论，记录小组成员提出的每一条可能影响问题的原因，避免遗漏。

4. 分析原因要彻底

就是要逐层分析到末端原因为止，末端原因是指非常具体的、不可抽象的、可以确认的、直接可以采取治本对策的原因。不能直接采取对策的原因就不是末端原因，而是中间原因。

分析原因常用的方法是针对某一“问题症结”，通过反复思考“为什么”，把它一层一层地展开分析下去，直至分析到末端原因。例如，针对“喷漆质量色泽不均”问题分析原因时，从环境这一角度分析，是因为“操作时看不清”，再往下分析为什么看不清呢？是因为“光线太暗”，再往下分析为什么光线暗呢？有两个可能的因素：一个是“灯少”；另

一个是“灯泡功率小”。分析到这里，原因就很具体了。所以原因分析彻底，就能使对策制定明确、针对性强。有的小组在分析原因时，没有分析彻底，只分析到中间原因就结束了，如分析到“工艺不合理”“设备精度低”“人员素质差”就停止了，这些因素包含的内容都很广，把这些作为末端原因，制定对策并实施，就很笼统，很难保证对策的有效性。

二、常见问题

1. 分析原因针对的对象不明确

在已找出课题症结的情况下，仍针对课题分析原因，则会出现逻辑上的混乱，也会使分析的原因针对性不强。有一个小组在活动过程中，找出了所存在的症结是“电焊夹渣多”，然而在分析原因时却针对课题“提高 ×× 工程焊接合格率”来分析，出现逻辑混乱问题。

2. 原因分析未找到真正的末端原因

有的小组对末端原因概念不理解，分不清什么是中间原因，什么是末端原因。例如检查不到位、设备故障率高、混凝土配比不好、测量仪器误差大等，均不是末端原因。

3. 原因之间的逻辑关系混乱

原因分析时，“人、机、料、法、环、测”区分不开。例如，“管理不到位”“施焊厂地不够”放在“方法”类去分析；“劳动强度大”“焊接坡口不符合标准”放在“环境”类去分析；“模板漏浆”“储存场地小”放在“材料”类去分析。在原因分析逐层展开时，因果关系不清晰，逻辑关系混乱，甚至因果关系颠倒或者不成立，例如“材料进货”→“分工不明确”，前后无直接的因果关系；“职工素质差”→“培训少”，前后因果关系颠倒。

4. 原因分析不全面

小组长在召开小组成员开会时，头脑风暴法引领不好，原因分析时未发挥好小组成员的作用，“人、机、料、法、环、测”有漏项，如该问题与环境有关，却没有针对环境去分析，导致原因分析不全面。有的小组在进行原因分析时，虽然“人、机、料、法、环、测”齐全，但每一个项目都没有充分展开、逐层分析原因，分析不全面、不深入，这样有可能造成末端原因找不全、找不准，将真正影响问题的原因漏掉了。

5. 工具应用不适宜、不正确

什么情况下用因果图、系统图，什么情况下用关联图，掌握不准确。一个问题且因素之间无关联，使用关联图；两个问题，原因之间关联程度低或无关联，使用关联图，都是不适宜的。工具使用也存在问题，从原因归类、逻辑关系，到图表的绘制，均存在不规范的现象。

【例 3–5】小组针对水泥搅拌桩输浆量偏高的问题症结，运用头脑风暴法进行原因分析，查找到 12 条末端因素。具体分析过程如图 3-11 所示。

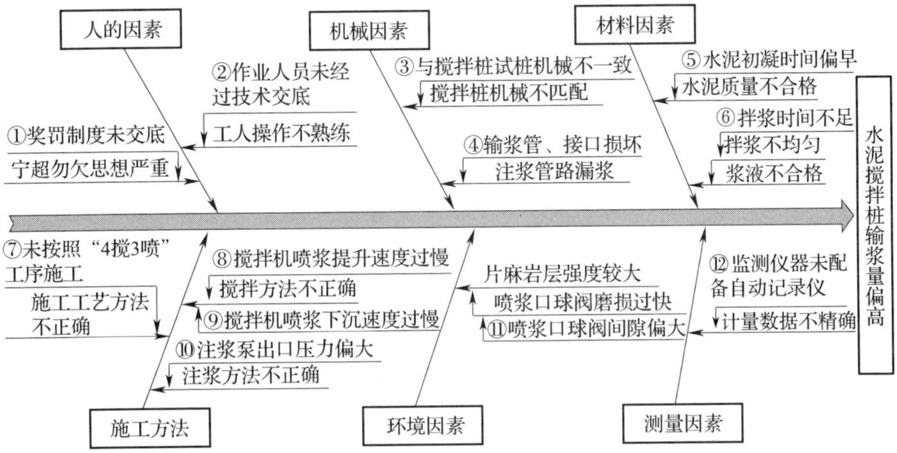

制图人：×××　　　　制图时间：××××年××月××日

图 3–11　水泥搅拌桩输浆量偏高因果图

案例分析：

该原因分析方法正确，因果图层次比较清楚，“人、机、料、法、环、测”齐全。因水泥搅拌桩输浆量偏高症结的原因之间没有交叉影响，小组运用因果图进行原因分析。问题和原因之间的逻辑关系清晰、紧密，逐层深入分析到末端原因，例如，拌浆时间不足、奖罚制度未交底等，都可以直接采取对策。但在环境分析方面做得不好，因果关系颠倒，如片麻岩层强度较大与喷浆口球阀磨损过快因果关系颠倒。

第七节　确定主要原因

通过原因分析，找出了若干个末端原因，在这些末端原因中，有的是影响问题的主要原因，有的则属于一般原因，需要加以鉴别和区分。确定主要原因，就是把影响问题的主要原因找出来，将目前状态良好，对问题或症结影响不大的原因排除掉，以便有针对性地制定对策。

一、确定主要原因的步骤

小组应针对末端原因，依据数据和事实，客观地确定主要原因。

（1）收集所有的末端原因，识别并排除小组能力范围以外的原因。把在原因分析中找出的所有末端原因收集起来，识别并排除末端原因中小组能力范围之外的原因。小组能力范围之外的原因，包括“无资金”“天太热”“高空作业”“风大”以及科技性比较强的专业技术、测量仪器等，由于小组目前没有能力解决，所以不需要进行主要原因确认。

（2）逐条确认末端原因，必要时可制定主要原因确认计划。小组识别并排除能力范围之外的原因之后，要对其余的末端原因逐条进行确认，不要遗漏。是否制定主要原因确认计划，可由小组根据活动实际情况自行决定。

（3）依据末端原因对问题或症结的影响程度判断是否为主要原因。确定主要原因，就是以客观事实为依据，用数据说话，依据对问题或症结的影响程度确认主要原因，如数据表明该原因对问题或症结影响程度大，就是主要原因，否则就是非主要原因。

（4）主要原因确认的确定方式为现场测量、试验及调查分析。确定主要原因，不能凭主观臆断，而是要通过试验、测量、调查分析等方法取得数据，用客观事实说话，找出真正影响问题或症结的原因。

如通过试验的方法取得数据来确认主要原因，这对方法类的原因进行确认常常是很有效的。如对确定某一个参数是否为主要原因时，改变参数进行试验，看结果是否有明显差异，来确定是否为主要原因。又如对机具、材料、环境类原因进行确认时，可以到现场进行测试、测量，取得数据，确定是否为主要原因。再如对于人或管理方面的原因，如果不能到现场用试验或测量的方法来取得数据，也可使用调查表的方式取得数据来确认。主要原因确认，要求小组成员亲自到现场去观察、调查、测量、试验，取得数据，才能确定主要原因。针对同一个末端原因确认主要原因，可能用现场测量、试验、调查分析方法中的一种或者两种，也可能三种方法同时用，小组要根据实际情况选用，具体问题具体分析。

二、常见问题

（1）凭主观断定其是否为主要原因。采用"少数服从多数""0.1 打分法""举手表决法""分析论证法"或小组成员开会讨论的方法确认主要原因，均属于主观范畴，都是不正确的。例如小组认为该设备已投产运转了 11 年，轴承磨损必然严重，所以是主要原因。确认主要原因采用主观分析的方法是不正确的，小组没有到现场实测实量取得数据判断主要原因。

（2）对照标准进行主要原因确认。虽然进行了现场测量、试验、调查分析，取得了数据，但仅将数据与小组制定的确认标准（包括规范要求、工艺标准等）进行比较，符合标准即为非主要原因，不符合标准即为主要原因，未能找到真正影响问题的原因。

（3）主要原因确认缺少客观事实和数据。分析末端原因对问题或症结影响程度缺少相关事实和数据，仅进行定性描述、理论推导，或将全部末端原因先凭经验区分主要原因和非主要原因，"主要原因"中的事实和数据比较具体，“非主要原因”则缺少事实和数据。

（4）末端原因与影响程度判定产生混乱。在分析末端原因对问题或症结影响程度时，收集的是末端原因与问题的关联数据，却判定为末端原因对症结的影响程度。只分析到末端原因对前一层级原因的影响程度，就判定该末端原因是否为问题或症结的主要原因。

（5）主要原因确认过程简单。末端原因在确认主要原因过程中，收集的数据不详实或者无出处，现场试验、测量、调查分析的过程没有用图、表形象直观地展现出来，而是简要描述，或者用几张照片表达，确认过程不具体、不深入。

（6）确认的主要原因太多。所谓主要原因，就是一般事物中的主要矛盾，主要原因太多，说明没有抓住主要矛盾，“眉毛胡子一把抓”，造成问题解决效果不好。例如小组通过原因分析找到了 7 条末端原因，对这 7 条末端原因进行现场试验、测量、调查分析，确认了 6 条主要原因，仅排除了 1 条末端原因，显然没有抓住主要矛盾。

【例 3–6】“提高 CL 复合剪力墙自密实混凝土观感合格率”课题。

主要原因确认 1：未使用专用模具。

确认方法：试验验证。

×× 月 ×× 日小组成员指挥生产工人使用梯子筋专用模具和未使用梯子筋专用模具各生产梯子筋 20 个，然后对这两种梯子筋进行检测，其检测如表 3–7 所示。

表 3–7　梯子筋尺寸检测统计表

序号	检查模具使用情况	合格标准 /mm	检查个数 / 个	梯子筋尺寸偏差 /mm																				不合格个数 / 个	不合格率 /%
1	采用专用模具 20 个	≤ 2	20	2	1	2	2	2	2	2	1	1	2	4	1	2	1	2	2	2	2	2	1	1	5
2	未采用专用模具 20 个	≤ 2	20	2	2	2	2	2	1	1	2	2	2	2	2	1	2	1	5	2	1	2	2	1	5

制表人：×××　　　　制表时间：×××× 年 ×× 月 ×× 日

对症结影响程度判断结论：采用专用模具生产的梯子筋尺寸不合格率为5%，未采用专用模具生产的梯子筋尺寸不合格率为5%；两组相比，没有差别，故未采用专用模具对保护层厚度影响程度小，因此为非主要原因。

主要原因确认2：试验验证混凝土垫块未分类堆放。

确认方法：试验验证垫块未分类堆放对保护层厚度影响。

小组成员组织10人并将其分成两组，分别使用混堆和分类堆放的混凝土垫块，在现场各做一道试验墙体，折模后各选取10个点检查CL墙体保护层偏差情况，其结果如表3–8所示。

表3–8　CL墙体保护层偏差检查统计表

组别	垫块使用情况	合格标准/mm	抽查总点数/个	抽查位置处保护层尺寸偏差/mm										规定合格点数/个	不合格点数/个	不合格率/%
第一组	使用混堆混凝土垫块	±3	10	6	−2	5	4	2	−4	3	−2	5	3	9.2	5	54.35
第二组	使用分类堆放混凝土垫块	±3	10	2	−1	2	4	2	−3	3	2	1	−2	9.2	1	10.87

制表人：×××　　　　制表时间：××××年××月××日

对症结影响程度判断结论：使用混堆和分类堆放混凝土垫块的墙体保护层厚度不合格率分别为54.35%和10.87%，明显看出使用混堆混凝土垫块比使用分类堆放混凝土垫块的不合格率高出43.43%。说明混凝土垫块未分类堆放对墙体保护层厚度影响大，因此是主要原因。

案例分析：

该小组在确定主要原因时，运用试验的方法，通过不同条件下试验数据的对比，掌握末端原因对问题症结的影响程度，进而判断是否为主要原因。思路清晰，方法适宜。

第八节 制定对策

主要原因确定之后，就可分别针对所确定的每条主要原因制定对策。

一、制定对策的步骤

1. 针对主要原因逐条制定对策

在制定对策时，首先要列出主要原因是什么，然后有针对性地就每条主要原因提出相应的对策。以有效地解决由主要原因引起的症结问题。

2. 必要时，针对主要原因提出多种对策，并进行对策的评价和选择

是否针对主要原因提出不同对策，并进行对策的综合评价和比较选择，应由小组根据每条主要原因的实际情况决定。

在提出对策时，组长可以组织召开小组成员会议，针对每一条主要原因，让小组成员采用头脑风暴法，开动脑筋，从各个角度提出改进的想法，提出可行的对策，做到不遗漏真正有效的对策。

对每一项对策（方案）进行综合评价，可通过试验、分析等方法，从有效性、可实施性、经济性、可靠性、时间性等进行评价，选出最令人满意的对策。评价原则是在事实和数据的基础上，尽可能量化。

（1）有效性。该对策能不能控制或消除产生问题的主要原因，如果感到没把握或不能彻底解决问题，则不宜采用，而要另谋良策。

（2）可实施性。尽量采用依靠小组自己的力量，自己动手能够做到的对策。有的对策虽然可行，但凭小组目前的水平没有能力解决，需要高薪外聘专家才能解决，这样的对策不宜采用。选用的对策应是可以实施的，如对策需要的某种设备，企业目前没有又不能拿出资金购买，无法实施则不能选取。除此之外，还要从技术性、难易度等方面进行评价能否

实施。

（3）经济性。要考虑经济的承受能力，如制定的对策需要增加新的设备，而购置新设备可能会大幅度提高成本，则不宜采用。

（4）可靠性。确定的对策，要考察这个对策能够运行的期限。一般不考虑临时性的措施，而是能够运行一定年限的，只有这样的对策，才是可靠的。临时性对策不能从根本上防止问题再发生，“头痛医头、脚痛医脚”的对策不能采用。例如修理行业常用的“垫块铜皮”来消除间隙的就属于临时性对策。

（5）时间性。制定的对策，应可以在相对较短的时间内完成，不影响正常施工生产的。如果对策实施后，虽然可以满足工程质量等目标要求，但会影响工程工期，这样的对策不建议采用。

3. 设定对策目标

对策表当中所列出的每一条对策，都要制定目标，主要目的就是检验对策的实施效果。对策目标是针对要因采取措施后所达到的目标，对策目标必须可测量、可检查，它与课题目标没有直接关系，只与对策所针对的主要原因状态相关联，即将主要原因改善到什么程度的具体可测量、可检查的描述。

4. 针对对策提出措施

对策与措施是有区别的，对策是宏观的、总的要求。措施是对策的具体展开，是具体的，应具有可操作性。例如要因是光线暗，对策为安装灯，目标是光线明亮不低于 330 lx，措施是安装几盏灯、多大功率的灯泡。

5. 制定对策表

按 5W1H 制定对策表。5W1H 即对策（What）、目标（Why）、负责人（Who）、地点（Where）、时间（When）、措施（How）。对策表是整个改进措施的计划，是下一步实施对策的依据。应做到对策明确、对策目标可测量、措施具体。

对策表格式可参见表 3–9。

表 3–9 对策表

序号	主要原因	对策（What）	目标（Why）	措施（How）	地点（Where）	时间（When）	负责人（Who）

对策表中的前四项主要原因、对策、目标、措施排序是有逻辑关系的，所以顺序不能颠倒，对策表中的地点是指措施实施的具体地点，时间是指对策措施的完成时间，负责人是指落实该项措施的具体负责人。

二、常见的问题

（1）5W1H 对策表不全，有漏项或者顺序颠倒。“对策”和“措施”概念不清，将“对策”与“措施”混为一谈。

（2）对策的评价过程缺少客观依据。当小组针对主要原因分别提出多项对策时，没有按照有效性、可实施性、经济性、可靠性、时间性等方面进行评价或评价过程为主观打分，缺少客观数据支撑。

（3）对策目标只是定性描述，缺少定量的目标值，不可测量或检查；有的是用课题的总目标直接替代对策目标，或者是将课题目标分阶段化作为对策目标，导致逻辑混乱。

（4）措施不够具体，可操作性不强。

（5）在对策表中使用抽象的词语。例如“加强”“提高”“减少”“争取”“尽量”“随时”等词语，不利于对策的具体实施。

【例 3–7】“提高乌鲁木齐新建光缆工程验收及时率”课题。

制定对策表：

小组针对主要原因提出了对策，制定了 5W1H 对策表，如表 3–10 所示。

表 3–10　提高乌鲁木齐新建光缆工程验收及时率对策表

序号	主要原因	对策	目标	措施	地点	时间	负责人
1	缺乏有效支撑手段	研发集WEB、智能手机APP于一体的工程验收系统	新建工程验收工单流转时长不大于24h	1. 梳理资料；确定系统架构，固化功能模块，保证系统测试运转； 2. 开展专项培训并投入使用； 3. 系统使用率纳入考核	中心	2016年5月30日	×××
2	验收仪表未精确设置	优化光时域反射仪仪表参数	测量误差不大于1.5m	1. 采用正交实验法选取光时域反射仪验收测试时最佳参数； 2. 根据最佳参数设置方案进行现场跟踪	中心、维护现场	2016年5月10日	×××
3	熔接参数未调整	优化熔接参数	一次性熔接合格率大于90%	1. 采用黄金分割法优化熔接机放电时间设置； 2. 将最佳方案教会施工人员使用	中心、维护现场	2016年4月30日	×××
4	验收人员少	调整现有中心内部验收流程，变更相关岗位职责	施工现场验收人员到岗率不大于90%	1. 梳理现有新建工程验收流程并进行优化调整； 2. 重新制定各类验收人员岗位职责； 3. 根据职责确定现有验收人员数量	中心、维护现场	2016年5月29日	×××

制表人：×××　　　　制表时间：××××年××月××日

案例分析：

该小组对策表5W1H齐全，对策明确，对策目标可测量，措施具体，具有可操作性，完成人、完成时间和地点具体、明确。

第九节　对策实施

对策制定完成后，小组成员就可以按照对策表列出的改进措施计划加以实施。

一、按对策实施

1. 按照对策表实施对策

由于所确定的主要原因性质各不相同，而对策表中的每项对策都是针对不同的主要原因制定的改进措施，因此在实施对策过程中，小组成员要按照对策表中确定的对策逐条实施。每条对策的实施过程，就是按照对策表中制定的具体措施逐条落实的过程。

2. 实施过程应做好记录

在实施过程中，组长负责组织协调各成员之间的衔接工作，小组成员要随时做好记录，包括每条对策的具体实施时间、参加人员、活动地点、具体做法、费用支出、遇到困难及如何克服等，以真实的反映活动全貌，为小组课题完成后整理成果报告提供依据。

3. 对策效果验证

在每项对策实施完成后，都要及时进行该项对策效果的验证。小组成员应在每项对策实施完成后，立即收集改进后的数据，收集数据的时间应予以明确。将收集到的数据与对策表中的对策目标进行比较，以确认对策目标是否达到。对策目标达到，说明该对策有效，问题得到解决，即可进行下一项对策的实施。

如果对策目标没有达到，可能有两种情况：一是小组成员在实施过程中遇到困难无法进行下去；二是小组确认措施实施完成后没有达到对策目标。此时应对该对策的具体措施作出调整或修改，按照新的措施再次实施，实施完毕后，收集数据确认效果，直至达到对策目标。

4. 必要时，验证对策实施结果的负面影响

必要时，验证对策实施结果在安全、质量、管理、成本及环保等方面是否造成负面影响。例如，在工程施工过程中，为了赶工期，加快工程进度，而造成了质量、安全等方面的负面影响；为了节约成本，减少了绿色

施工投入，而对环境造成了污染等。如果采取了这样的对策，即使达到了对策的目标，却存在诸多负面影响，这样的对策也不宜采用。需要修订措施进行弥补，或重新考虑更为科学合理的对策。

一般来说，如果制定的对策是具有新意的或是非常规的对策，在制定对策时又未进行对策的综合评价，则需要在对策实施完成后，验证对策实施结果在安全、质量、管理、成本以及环保等方面的负面影响。

二、常见问题

（1）实施过程描述过于简单，通篇文字描述，缺少图、表、数据支持。

（2）实施没有和对策表中的措施做到一一对应，以致对策没有得到很好的落实。

（3）每一条对策实施完成后，缺少及时收集数据过程，没有运用收集到的具体数据和对策目标对比进行效果验证，没有说明收集数据的具体时间，只是简单化、主观性的说明。

【例 3–8】“提高混凝土结构‘第三方工程质量评估’合格率”课题。

制定对策表：

小组针对要因提出了对策，制定了 5W1H 对策表，如表 3–11 所示。

表 3–11 提高混凝土结构“第三方工程质量评估”合格率对策表

序号	主要原因	对策	目标	措施	地点	时间	负责人
1	未按要求起拱	对超过 4m 的梁板，支撑体系设置不变，按长跨的 1‰ ~3‰ 起拱	模板起拱标高允许偏差 ±2mm	1. 计算出超过 4m 的梁板的起拱值； 2. 按现场实际情况，绘制立杆顶托标高分布图； 3. 模板支撑架搭设，并对起拱标高校核	1# 楼二层	2016 年 5 月 11 日	×××

续表 3-11

序号	主要原因	对策	目标	措施	地点	时间	负责人
2	马凳固定不牢固	改进马凳样式，采用长条梯式钢筋马凳，易于固定	马凳不出现移位、倾斜、脱落等现象，100%合格	1. 设计长条梯式钢筋马凳的形式和尺寸； 2. 按现场实际情况，绘制马凳布置图； 3. 板筋绑扎时，安装马凳，固定牢靠	1# 楼二层	2016 年 5 月 13 日	×××

制表人：×××　　　　制表时间：×××× 年 ×× 月 ×× 日

对策实施：

（1）对策一：对超过 4m 的梁板，支撑体系设置不变，按长跨的 1‰～3‰起拱。

1）计算出超过 4m 的梁板的起拱值。

小组成员测量拆模后的混凝土梁板底标高与其模板施工时的标高的差值。从统计表（如表 3-12 所示）可以看出，最大挠度比例为 1.05‰，最小挠度比例为 0.9‰，平均挠度为 1.01‰，为便于施工，拟全部梁板按 1‰起拱。

表 3-12　未起拱梁板拆模后下挠情况统计表

梁板跨度 / m	跨中标高下沉值 /mm										平均值 / mm	下挠比例 / ‰
4.20	2	3	0	4	4	7	6	4	3	5	3.8	0.90
4.55	4	5	3	7	8	4	6	5	4	2	4.8	1.05
4.80	4	2	2	5	6	4	5	7	5	6	4.6	0.96
5.15	8	5	8	4	6	1	8	7	4	5	5.6	1.09
5.60	6	6	2	9	2	10	4	5	7	6	5.7	1.02
6.40	6	9	4	10	7	5	5	8	6	7	6.7	1.05

制表人：×××　　　　制表时间：×××× 年 ×× 月 ×× 日

2）按现场实际情况，绘制立杆顶托标高分布图。

小组成员 ××× 按施工图纸和模板施工方案，绘制出立杆顶托标高分布图（如图 3-12 所示），超过 4m 的板全部按长跨的 1‰起拱。

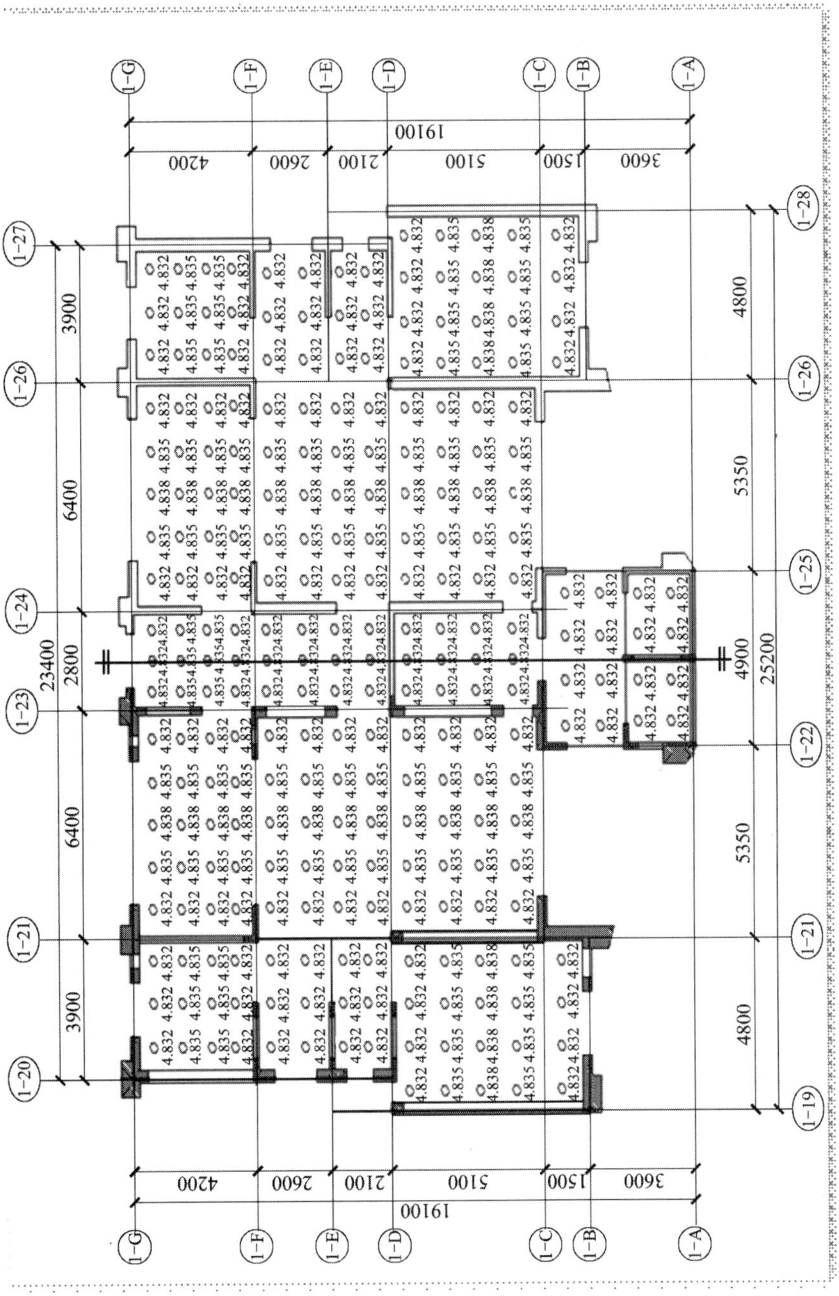

图 3-12　立杆顶托标高分布图

3）模板支撑架搭设，并对起拱标高校核。

小组成员 ××× 组织人员在施工层上进行定位放线，弹设立杆投影线，在顶托垂直投影处原位标注顶托的标高，以便工人能容易地完成顶托标高调整（如图 3–13、图 3–14 所示）。

图 3–13　施工层弹放分格网原位标注顶托标高

图 3–14　工人调整顶托顶高复核检查标高

对策一效果验证：2016 年 5 月 11 日，小组成员 ××× 组织人员对起拱标高情况进行检查，共检查 60 点，模板起拱标高均满足允许偏差 ±2mm 要求，起拱标高控制准确。具体情况见表 3–13。

表 3–13　跨中起拱偏差值统计表

梁板跨度 /m	检查标准 /mm	跨中起拱偏差值 /mm									
4.20	± 2	1	–1	1	–1	2	1	1	1	1	–1
4.55	± 2	0	2	1	0	1	–1	0	–1	1	0

续表 3–13

梁板跨度 /m	检查标准 /mm	跨中起拱偏差值 /mm									
4.80	± 2	–1	0	2	–1	–1	1	0	1	1	1
5.15	± 2	2	–1	1	2	2	0	–2	1	–2	0
5.60	± 2	0	0	0	0	1	–1	1	1	0	2
6.40	± 2	2	0	2	2	0	2	1	0	1	–1

制表人：× × ×　　　　制表时间：× × × × 年 × × 月 × × 日

（2）对策二：改进马凳样式，采用长条梯式钢筋马凳，易于固定。

1）设计长条梯式钢筋马凳的形式和尺寸（如图 3–15 所示）。

（a）普通长条马凳
（支撑面大、易固定、支撑力小）

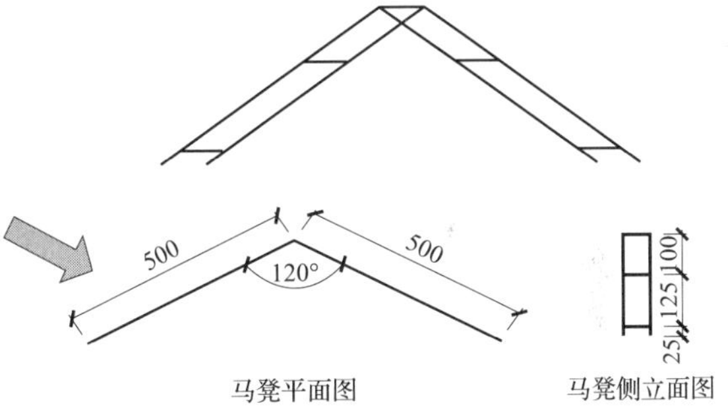

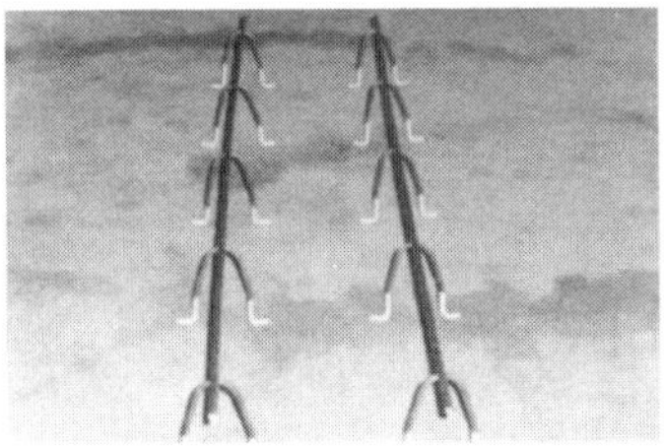

（b）墙体梯子筋
（支撑面大、尺寸准确、易倾斜）

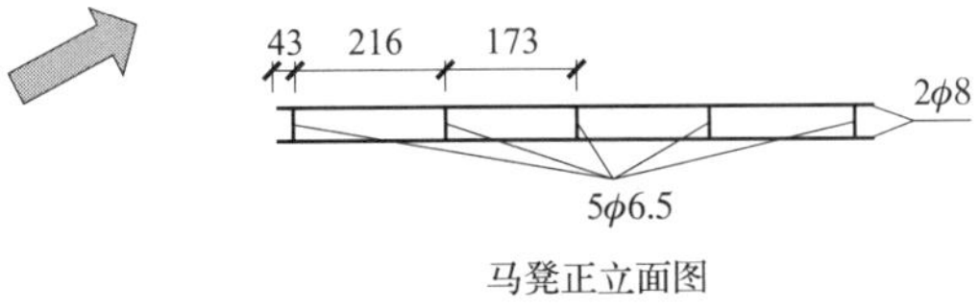

（c）长条梯式钢筋马凳示意图尺寸示意图

图 3–15　长条梯式钢筋马凳示意图

2）按现场实际情况，绘制马凳布置图。

小组成员 ××× 按现场梁板的分布情况，绘制马凳整体布置图（如图 3–16 所示）。为确保钢筋骨架不塌陷，马凳从梁边 150~300mm 的位置开始设置，马凳单向连续布置，水平间距为 600mm。

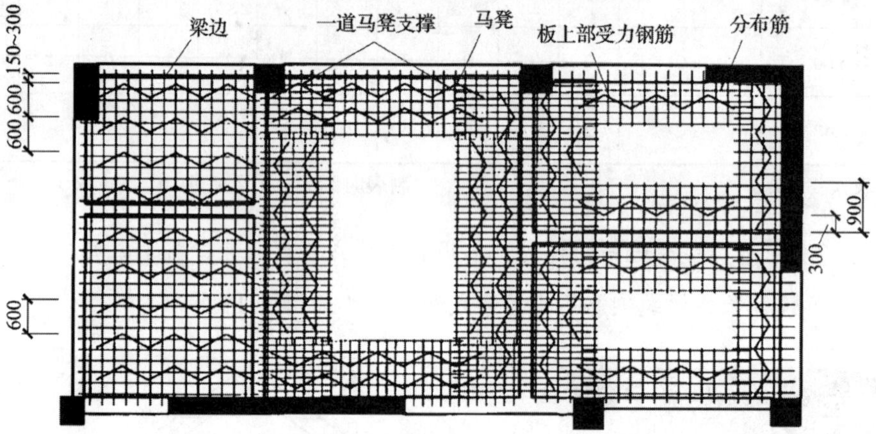

图 3–16　马凳整体布置图

3）板筋绑扎时，安装马凳，固定牢靠。

小组成员 ××× 根据楼板的厚度、配筋形式及钢筋规格计算每块楼板马凳高度尺寸，并按马凳设计图纸要求，交给加工厂进行加工。最后根据马凳布置图，监督工人现场安装（如图 3–17~ 图 3–19 所示），同时做好成品保护措施。

图 3–17　板底筋绑扎完成后，放置马凳筋

图 3–18　长条梯式钢筋马凳加工成品

图 3–19　马凳布置完成后，绑扎板面筋

对策二效果验证：2016 年 5 月 13 日，小组成员 ××× 组织成员对采用长条形成品马凳支撑后的楼板钢筋骨架情况，板面钢筋未出现局部塌陷情况，马凳未出现移位、倾斜、脱落等现象进行检查，共检查 50 处，马凳固定牢靠，100% 合格。具体情况见表 3–14。

表 3–14　长条梯式钢筋马凳稳固情况检查表

编号说明	马凳稳固情况									
合格为“1” 移位为“2” 倾斜为“3” 脱落为“4” 凹陷为“5”	1	1	1	1	1	1	1	1	1	1
	1	1	1	1	1	1	1	1	1	1
	1	1	1	1	1	1	1	1	1	1
	1	1	1	1	1	1	1	1	1	1
	1	1	1	1	1	1	1	1	1	1

制表人：×××　　　　　　　　　　制表时间：×××× 年 ×× 月 ×× 日

案例分析：

该案例为对策实施步骤。在对策实施中按照对策表中所列对策逐一实施，将每项对策中的具体措施逐条进行落实。实施过程详尽，既有文字描述，又辅以数据和图表，表述非常清晰。每条对策实施完成后，及时收集数据与对策目标进行对比验证，同时明确收集数据的时间。达到对策目标后实施下一项对策，直至所有对策实施完成并达到对策目标。

第十节　效 果 检 查

对策表中所有对策全部实施完成并达到对策目标要求后，说明主要原因得到了有效解决或改进，则进入效果检查步骤。

一、效果检查的要求

（1）检查结果与课题目标进行比较。在所有的对策全部实施完成后，按照改进后的条件进行试生产（工作），从中收集数据。效果检查与现状调查（目标的可行性分析）前后两个阶段收集数据的时间长度尽可能保持一致，以使数据具有可比性。将实施改进后取得的数据与小组设定的目标进行对比，检查课题目标是否完成。如果达到了小组制定的课题目标，说明问题已得到解决，就可进入下一阶段即 A 阶段，巩固取得的成果，防止问题的再发生。如果没有达到课题目标，应分析没有达到目标的具体原因，要从计划阶段的各个步骤找原因，例如找到的症结不准确、设定目标没有预计问题的解决程度、原因分析不全面、原因分析没分析到末端、主要原因确定不准、对策选择有误等，哪一个步骤有问题，便从哪一步开始进入第二轮 PDCA 循环，直至达到目标。

（2）检查结果与对策实施前的现状对比，判断改善的程度。除了和课题目标进行比较以外，效果检查还要做一项工作，即与对策实施前的现状进行对比，检查问题症结是否由对策实施前的关键少数，变为对策实施后的次要多数，判断课题的症结是否得到了明显的改善。

如果在进行现状调查（目标可行性分析）的时候，用了排列图（饼分图）帮助找出问题的症结，那么一般来讲，在检查效果时，也应该用同样的时间段的数据，同样的分层项目，收集数据用排列图（饼分图）进行前后的比较，看问题的症结是否得到明显的改善。比较结果可能会有两种情况，一种就是确实明显改善，症结由关键的少数变成了次要的多数，问题症结得到解决；另一种是原来的问题症结占比比较高，而且解决的程度也是有限的，所以在这种情况下，即使按照制定的计划完成了，问题症结可能仍然排在排列图（饼分图）的第一位，这时也要尊重事实，只要做出合理说明即可，千万不要弄虚作假去改数据。

（3）必要时，确认小组活动产生的经济效益，以明确小组活动所做的具体贡献。质量管理小组计算经济效益时要计算实际效益，即实际产生的效益，不计算预期效益。例如很多小组计算人力成本节约额，计算加班费等，如果不是实际发生的，纯粹是算出来的，则不应算在经济效益中，计算经济效益要实事求是。

由于质量管理小组在改进过程中必然要投入一定的费用，这些投入都要纳入效益计算中去，为此，质量管理小组计算经济效益，要计算实际效益，即质量管理小组活动实际效益 = 产生的效益 – 投入的费用。

一般来说，质量管理小组产生的经济效益，不要计算整个工程项目或类推未来几年产生的效益，只计算活动期（包括巩固期）内所产生的效益。

（4）必要时，确认小组活动产生的社会效益。由于质量管理小组所在的岗位不同、解决的课题不同，经过活动，有的可以创造很大的经济效益，有的创造的经济效益很小，有的甚至为负数，但这些投入大于产出的小组活动，有时往往会产生巨大的社会效益，现在越来越多的安全防护类的、潜在质量风险类的课题就是这样。例如，某液化气供应站质量管理小组，发现某老旧小区煤气管道存在泄漏问题，通过调查，发现是由于居民使用的胶皮管老化所致，通过将一千余户居民使用的胶皮管进行更换，使煤气管道泄漏问题得到根治。该小组的活动虽然没有得到可计算的经济效益，但其所带来的社会效益却是巨大的。

还有一些公益事业，如托儿所、敬老院、学校及一些绿化、环保项目，投入的是金钱，提供的是服务，得到的是诚信，造福人类、造福社会，因此也应很好地总结其社会效益。

二、常见问题

（1）按照改进后的条件进行试生产（工作）后，没有收集数据与小组的课题目标及实施前的现状进行对比检查，直接用文字说明目标实现。

（2）效果检查与现状调查（目标的可行性分析）前后两个阶段收集数据的时间长度不一致，如现状调查收集数据时间段为半年，效果检查收集数据时间段为三个月，则数据不具有可比性。

（3）经济效益计算时未能实事求是，有的计算的不是实际产生的效益，把还没有确定的费用作为小组取得的效益，效益纯粹是计算出来的；有的类推、延长计算年限，夸大取得的效益。从根本上讲就是还没有真正理解质量管理小组活动的宗旨，片面认为只要创造经济效益就是好的成果。

（4）对于取得的经济效益和社会效益，未能提供有关单位及部门证明。

【例 3-9】“提高铝合金模板二次结构混凝土一次施工成型合格率”课题。

效果检查：

目标值检查。2017 年 6 月 22 日，项目部组织对实施后的二次结构混凝土成型质量情况进行检查，共检查 600 个点，其中合格点为 583 个，不合格点为 17 个，合格率达到 97%，达到目标要求。具体数据见表 3-15 和图 3-20。

表 3-15　二次结构混凝土成型质量问题调查表

序号	不合格项目	频数 / 个	频率 /%	累计频率 /%
1	平整度超偏差	5	29.4	29.4
2	尺寸超偏差	3	17.6	47.0
3	阴阳角不方正	3	17.6	64.6
4	蜂窝麻面	2	11.8	76.4
5	漏浆烂根	1	5.9	82.3
6	垂直度超偏差	1	5.9	88.2
7	其他	2	11.8	100
合　计		17	100	

制表人：×××　　　　制表时间：××××年××月××日

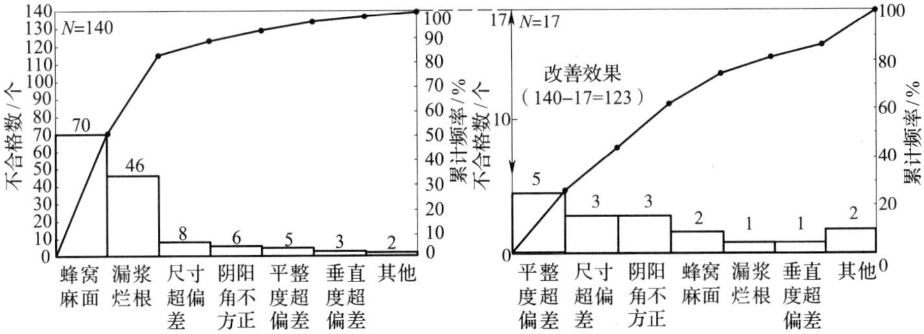

制图人：×××　　　　制图时间：××××年××月××日

图 3-20　二次结构混凝土成型质量问题活动前后对比图

目标完成情况见图 3–21。

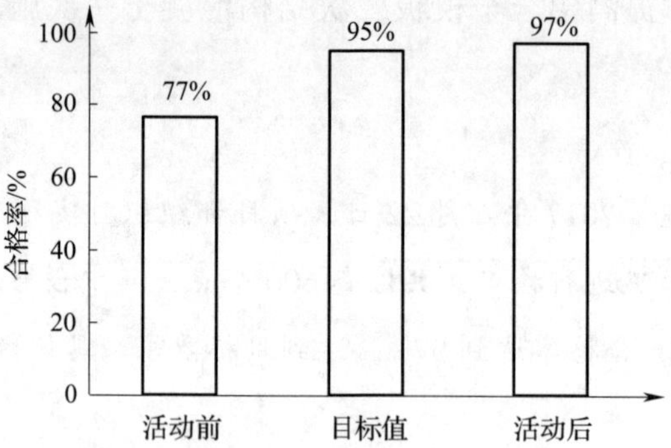

制图人：××× 制图时间：××××年××月××日

图 3–21 目标完成情况柱状图

案例分析：

此案例为效果检查步骤。小组按照改进后的条件进行试生产（工作）后，在一定时间段内收集数据，首先绘制排列图与实施前的现状进行对比检查，主要问题得到解决，由关键的少数变为次要的多数。随后与小组的课题目标进行对比，达到并超过目标要求。能够采用数据和图表说明，思路比较清晰。必要时，还可进行经济效益和社会效益的分析。

第十一节 制定巩固措施

取得效果后，就要把效果维持下去，并防止问题的再发生。为此，要制定巩固措施。

一、制定巩固措施的要求

（1）制定巩固措施就是把被活动实践证明了的有效措施分门别类地纳入相关标准或管理制度，如工艺标准、作业指导书、设备管理制度、人员管理制度等。如果对策表中制定的措施比较具体，那么就可以把其中的具体措施进行巩固；如果对策表中制定的措施不够具体，或比较简单，而在实施中的措施更加具体，也可以把实施中的具体措施，作为巩固措施的具体内容。

（2）将形成的相关标准或管理制度，报有关主管部门批准，予以发布实施，以这种方式加以固化，形成长效机制。形成的相关标准包括技术标准和管理制度，这些标准和制度可以是企业层级的，也可以是部门乃至班组层级的，但不包括行政后续工作，如推广、应用等。巩固措施应明确形成或纳入标准的名称、编号，对应的哪几项措施等。

（3）必要时，对巩固措施实施后的效果进行跟踪，收集数据确认是否按照修订过的新方法、标准执行，以确保取得的成果真正得到巩固，并维持在良好的水平上。小组成员应结合课题的实际情况，自行决定是否要设定巩固期，对巩固措施实施后的效果进行跟踪。如果在效果检查时就能确定没有变坏的趋势，就不需要有巩固期。巩固期内要做好记录，用数据说明成果的巩固状况，巩固期的长短应根据实际需要确定，以能够看到稳定状态为原则，一般情况下，至少应该有 3 个统计周期的数据。

二、常见问题

（1）未能明确将对策表中哪些经实施证明有效的具体措施分门别类地纳入相关标准。

（2）制定的巩固措施简单、笼统，流于形式，即未明确具体措施是什么，也未明确纳入什么标准或制度。

（3）将小组活动后行政方面继续跟进的工作与巩固措施混淆。

（4）小组在做巩固期效果验证时，未对收集数据进行统计，用数据说明成果的巩固状况，只进行了简单的文字说明；或收集数据的时间前后不一致；或只统计一个周期的数据，不能准确判断趋势。

【例 3-10】“提高混凝土结构预留洞口合格率”课题。

制定巩固措施：

质量管理小组将活动中遇到的问题与采取的相应措施，结合规范及验收要求，归纳总结了混凝土施工工艺和质量控制要点，将其标准化、制度化、规范化，并在活动后编制形成了《混凝土结构预留洞口施工工艺》标准，本次质量管理小组活动所取得的成果纳入了该标准中（如表 3-16 所示）。此工艺标准为企业级工艺标准并在公司内推广与使用。

表 3-16　纳入企业施工工艺的措施明细表

序号	项目	巩固形式	标准类型	标准编号	对应条款和内容
1	采用一种建筑施工模板组件	纳入企业《混凝土结构预留洞口施工工艺》标准	企业工艺标准	CJB-GY-2018-019	五、模板施工方案 5.3 电箱洞口模板加工。 5.3.1 模板板面采用 5mm 厚钢板加工； 5.3.2 钢模左右两侧模板加工为合页形式； 5.3.3 定型化模板加工时需注意平面、转角拼缝严密
2	采用一种建筑施工模板组件	纳入企业《混凝土结构预留洞口施工工艺》标准	企业工艺标准	CJB-GY-2018-019	五、模板施工方案 5.6 电箱洞口模板支撑体系。 5.6.1 洞口模板支撑采用 20×20 实心方钢十字交叉作为支撑主体； 5.6.2 为达到易拆装效果，实心方钢十字交叉处加设轮轴等活动装置； 5.6.3 模板支撑与模板板面牢固连接

制表人：×××　　　　　　　　　　　　　　制表时间：××××年××月××日

案例分析：

此案例为制定巩固措施步骤。小组在达到课题目标后，将实施有效的具体措施分门别类地纳入相关标准，纳入作业指导书的措施与对策表中采取的措施相对应，措施具体明确。建议将纳入作业指导书的具体过程加以描述，明确作业指导书编制与审批时间、审批程序、审批人员及作业指导书的编号等内容。

第十二节　总结和下一步打算

没有总结，就没有提高。在课题问题得到解决之后，小组要围绕本次活动，对活动全过程进行回顾和总结。同时，在全面总结的基础上，有针对性地提出今后打算，可以提出下一次活动的具体课题，从而将小组活动持续地开展下去。

一、总结

小组应结合此次课题活动实际，对专业技术、管理方法和小组成员综合素质等方面进行全面总结，包括有哪些提高和不足。

1. 专业技术

质量管理小组在活动中分析原因、确定主要原因、制定对策及实施改进都要用到专业技术。通过活动，小组成员的专业技术势必会得到提高，同时积累了经验，在这些方面需要认真总结。同时，在活动过程中如果发现在专业知识和技能方面还有欠缺，也要认真总结。通过总结必然会使小组成员在专业技术方面得到一定程度的提高。

2. 管理方法

在解决问题的全过程中，要求小组活动按照科学的活动程序进行，即遵循 PDCA 循环；以客观事实为依据，用数据说话；统计工具的应用要恰当、正确。小组应对管理方法方面情况进行全面总结，看看活动过程中解决问题的思路是否清晰，一环紧扣一环，具有严密的逻辑性；在各个决策决定阶段，是否做到以客观事实和数据为依据，进行科学的判断分析与决策；统计方法的应用是否恰当、正确等。哪些方面做得较好，哪些方面存在不足，通过总结，进一步提高小组成员分析问题和解决问题的能力。

3. 综合素质

在对小组成员的综合素质方面进行评价时，可以从以下几个方面进行：

（1）质量、安全、环保、成本、效率等意识是否提高；

（2）问题意识、改进意识是否加强；

（3）分析问题与解决问题的能力是否提高；

（4）团队精神、协作意识是否树立或增强；

（5）工作干劲和热情是否高涨；

（6）创新精神和能力是否增强等。

在评价综合素质方面时，应根据小组的实际情况进行评价，实事求是，各有侧重。通过综合素质的自我评价，使小组成员明确自身的进步与不足，从而更好地调动小组成员质量改进的积极性和创造性。

二、下一步打算

改进和创新是没有止境的，质量管理小组要不断进行改进和创新。在对本次活动进行全面总结的基础上，小组可以明确今后活动的方向，提出下一次活动的课题，从而将小组活动持续地开展下去。对于下一步要解决的课题，可以从以下几个方面来考虑：

（1）现状调查找到的问题症结已经解决，将上升到第一位的次要问题作为下次活动的课题，以期质量再提升到一个更高水平。

（2）对最初提出多项选题中的另外一些课题进行比较选择，从中选择适合小组解决的课题。

（3）再次发动小组成员广泛提出问题，从中评估选取新课题。

三、常见问题

（1）总结不够全面，未从专业技术、管理方法和综合素质三个方面进行总结；只总结取得的成绩、成功的经验，未总结缺憾和不足。

（2）很多小组在总结时套用模板，千篇一律地使用雷达图，未针对本次活动的实际情况进行总结。

（3）小组总结时大多使用文字描述，未提供必要的数据支持。

【例 3–11】“提高变曲面钢框架混凝土核心筒组合结构安装定位精度”课题。

总结与下一步打算：

（1）总结。综合本次质量管理小组活动，我们从专业技术、管理方法、综合素质等方面对此次活动进行总结。

1）专业技术方面。

遇到技术困难小组成员根据实际情况制定了相应的措施，有效提高了变曲面钢框架混凝土核心筒组合结构安装定位精度，在解决技术困难、实现目标的同时降低了经济投入。活动后进行总结并编写了《提高变曲面钢框架混凝土核心筒组合结构安装定位精度作业指导书》及相关专利将相关的专业技术规范化、标准化，并应用到类似的工程中去。

2）管理方法方面。

小组通过应用 PDCA 程序分析和解决影响变曲面钢框架混凝土核心筒组合结构安装定位精度的症结，掌握了质量管理小组活动的一般程序和步骤，为今后开展质量管理活动打下了良好的基础。

3）综合素质方面。

本次质量管理小组活动，各组员按程序开展工作，达到预定目标，小组成员利用质量管理的管理模式，创新意识得到了大大的提升，调动了小组的积极性，凝聚了团队的协作力；响应了公司的创优方针，加强了经营管理，提高了公司的竞争力。根据活动前后综合素质对比制定出综合素质评价表，如表 3–17 所示。

表 3–17　小组活动前后综合素质评价表　　单位：分

项目	改进意识	团队精神	质量意识	进取精神	QC 工具运用技巧	工作热情和干劲
活动前	3	3	4	4	2	3
活动后	4	5	5	4	4	4

根据小组活动前后的考核统计绘制出雷达图（如图 3–22 所示），从图中可知，质量管理小组在改进意识、团队精神、质量意识、进取精神、QC 工具运用技巧、工作热情和干劲各方面的能力都有所上升，其中团队精神、QC 工具运用技巧尤为显著。

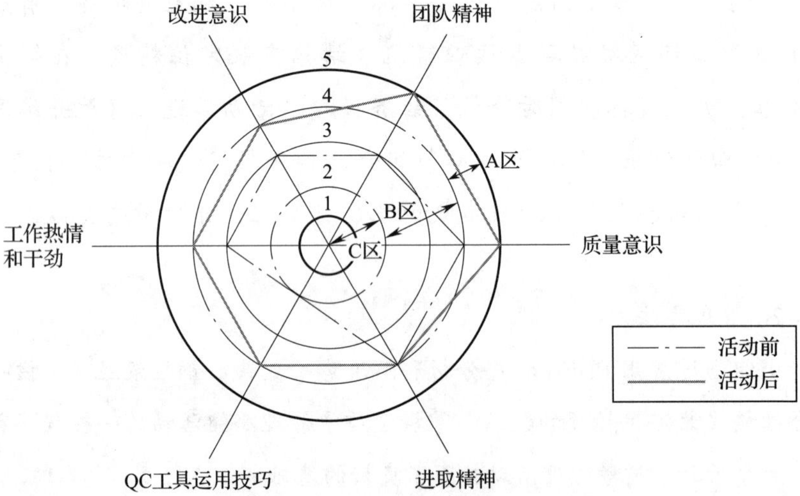

制图人：×××　　制图时间：××××年××月××日

图 3–22　质量管理活动前后综合评价对比雷达图

（2）下一步打算。通过此次活动，小组成员运用科学测量定位方法，发挥集体的智慧，在提高变曲面钢框架混凝土核心筒组合结构安装定位精度方面取得了良好的效果，也深刻认识到开展质量管理小组活动的重要性和必要性，将继续开展质量管理小组活动，不断提高施工管理质量。通过对工程重要性、紧迫性等方面的综合考虑，小组拟订下一个质量管理小组活动的课题为“弧形二次结构墙体安装工艺的创新”。

案例分析：

该案例为总结和下一步打算步骤，小组从专业技术、管理方法和综合素质等方面进行总结，专业技术的总结内容比较全面，有一定的针对性。同时提出下一步课题，使小组活动能持续开展。但管理方法的总结没有从PDCA循环程序、数据说话、统计工具应用方面具体总结，有待完善。

第四章　创新型课题活动程序

第一节 活动程序概述

创新型课题遵循 PDCA 循环，着重于创新的过程，是小组针对现有的技术、工艺、技能和方法等不能满足实际需求，运用新的思维研制新产品、服务、项目、方法，所选择的质量管理小组课题。掌握好创新型课题的活动程序，可以使小组成员学会用科学方法创新，少走弯路，提高创新的成功率。

小组应按照创新型课题的程序开展活动，如图 4-1 所示。

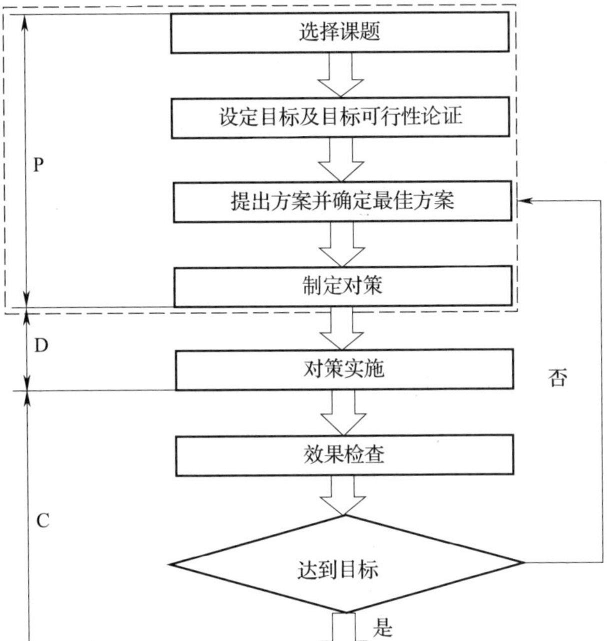

图 4-1 创新型课题活动程序

第二节　选择课题

与问题解决型课题相同，创新型课题体现了质量管理小组活动“小、实、活、新”的特点。小组选择的创新型课题应具有一定挑战性和创新性，是小组成员有能力调动和整合资源并通过努力可以达到的，活动中能充分体现小组成员运用新思维的过程。

创新型课题注重研制（发）新的产品、服务、方法、软件、工具及设备，在工程建设行业涉及较多的课题主要有方法的创新（如新工法、操作工艺、工人操作技能）：这类课题以借鉴对象的工艺原理为核心，可形成新的工艺流程；工具及设备的创新，具体、单一,一般经过设计、加工制作、组装、试用过程。另外，一些新产品的创新（如新型建筑材料）和软件类的创新课题在工程建设行业也有涉及。

一、课题来源

近年来，随着大型基础设施建设项目的涌现，企业日益面临着新机具、新技术、新材料、新项目迅速更迭的挑战。社会的进步和国民文明程度的提高期望工程建设行业不断优化作业方式。另外，一些复杂工程项目对攻克技术难关，提高工效，保证质量、安全、工期，降低成本，节能环保方面也提出了特殊的要求。小组的活动课题多发端于工程项目，立足于现场，小组成员应感知来自内外部顾客及相关方的任务要求或意见和期望，它们都可能成为小组开展课题活动的课题来源。

在“D1422 型坡口机驱动装置的研制”课题中，小组所在项目参建的中俄东线试验段二期工程，采用现今国内外最大口径的 $D1422\text{mm} \times 80\text{mm}$ 管材为主体管线，首次遇到 D1422 型坡口机配套液压站的重量由之前的

1~2t 增长至 5t，以往的搭配方式将严重破坏吊管机原有的设计平衡性，施工隐患大。小组面临的任务要求是从未有过的，在此种情况下小组提出了创新型课题开展活动。

在“CRTS Ⅲ型板外形尺寸检测方法创新”课题中，高铁轨道板出厂检验采用手持式激光检测仪，操作人员操作过程中故障率较高、维修成本大，稳定性相对较差，无法满足大批量轨道板外形检测任务的要求，从而提出了研制自动化扫描仪检测方法的课题。

在“天然气管道球阀排污设备的研制”课题中，天然气管道球阀内的污水进行季节性维护保养时在球阀排污时污水直接外排。环保部门对管道进行环保检查中发现无管道球阀污水检验和处理报告，提出整改要求，防止造成环境污染，这个课题来源即是始于相关方，但是经小组查新国内外无天然气管道球阀排污的方法和设备，因此选择这一创新型课题开展活动。

二、选择课题

创新型课题在选择课题时，小组要针对现有的技术、工艺、技能、方法等无法满足内外部顾客及相关方的需求，通过广泛借鉴，启发小组创新的灵感、思路、方法等，研制（发）新的产品、服务、方法、软件、工具及设备等。借鉴是创新型课题的重要基础。

1. 需求

选择创新型课题开展活动时，首先要明确内外部顾客及相关方的需求。如果把小组作为活动的主体，则小组之外的内外部顾客及相关方提出的工作任务要求，以及意见和建议均称为需求。但是创新型课题需求成立的前提，应是小组现有的技术、工艺、技能和方法等无法满足内外部顾客及相关方需求。

2. 查询

面对创新需求，需要寻找创新思路。任何创新都不是凭空而来的，创新活动是一个从无到有、从未知到已知的过程，然而这一过程需要从已知的答案中寻找出解决未知的创新思路。查询就是这样一个针对需求寻找创新思路的过程，借鉴则是查询结果的输出和提炼。通过创新型课题活动，掌握查询方法，有助于提高小组成员的创新能力。

查询的作用一是要明确选择的课题具有创新性；二是选择好查询方向和路径，通过查询提供可供借鉴的思路和依据。查询的方法包括：

（1）观察自然现象。自然现象指自然界中由于大自然的运作规律自发形成的某种状态，其完全不受主观能动性因素的影响。如春夏秋冬的四季变换，月亮的阴晴圆缺，风云雨雪雾，潮汐，白天与黑夜等。生活中源于自然现象的发明随处可见。如太阳能板的发明是人们观察到太阳光照射到物体表面产生了热感，风车的发明则是人们观察到风的运动可以吹动物体运转起来。

（2）查询专业文献或技术专利。通过查询相关的专业文献或技术专利获得有用的线索，获取可供借鉴的思路。可以通过专业查询机构或自行检索专业网站的方式获取有价值的信息。随着网络技术的迅猛发展，信息的获取触手可及，查询方式已经不限于委托专业机构检索数据库来提供专门的查新服务。大量的搜索网站可以提供想要的信息、知识、技术、经验。这也为小组开展创新活动提供了多样化交流学习新知识的平台。如通过在搜索平台中输入关键词，或直接提问的方式即可获取海量的信息，再进行筛选，整理出有价值的讯息，这一操作方式易于掌握，其应用也越来越普遍。

（3）创新灵感。所谓灵感是来自工作和生活中广泛的学习和长期实践，不断累积经验和知识而突然出现的富有创造力的思路。它以抽象思维和形象思维为基础，与其他心理活动紧密相连。灵感常具有突发性，是创造性思维的结果，是新颖的，甚至是独特的。灵感是创新的起点、核心和灵魂。获取创新的灵感不限于本行业本专业的信息、知识、技术、经验，也可以是来自跨行业的或通过对生活中身边事物的观察。例如，在“工业炉内衬垂直影像采集装置的研制”这一课题中，通过网络查询，由无人机对场景进行连续影像采集技术，分析其工作原理从中获得了创新灵感，可用于本专业倾斜摄影测量技术。又如，某成果“新型高空均压罩试验接线装置的研制”通过观察生活中常见钓鱼竿的使用获得了灵感。

3. 借鉴

借鉴是查询过程有价值信息的输出，并加以采纳的核心点。借鉴的核心点可以是来自观察自然现象中发现的自然规律；通过查询专业文献或技术专利借鉴其中的工作原理或技术方案；通过获得的创新灵感和寻找身边事物找到的创新思路、想法。

例如，在本节关于来自观察自然现象的查询案例中，太阳能板的发明是人们观察到太阳光照射到物体表面产生了热感，发现光热可直接转换这一自然规律，于是加以借鉴，使太阳能得到了开发和利用。在“新型高空均压罩试验接线装置的研制”这一课题中，接线操作杆的制作是通过观察生活中常见的钓鱼竿，借鉴了钓鱼竿可伸缩的工作原理。

借鉴的作用如下：

（1）通过查询获得可供借鉴的结果，为满足选题需求提供了创新的思路和依据，明确活动方向。

（2）通过收集和分析借鉴的数据，或者借鉴技术的理论推导、模拟试验等，为制定目标提供依据。

（3）借鉴的内容要为提出总体方案提供依据。

借鉴查询流程如图 4–2 所示。

4. 借鉴过程需要注意的问题

（1）确定选题需求后，即应针对需求进行查询，没有查询就没有可借鉴的思路和依据。

（2）借鉴不是照搬照抄，而是从已有的信息中获取可供借鉴的关键点或受启发而产生新的思路和方法。

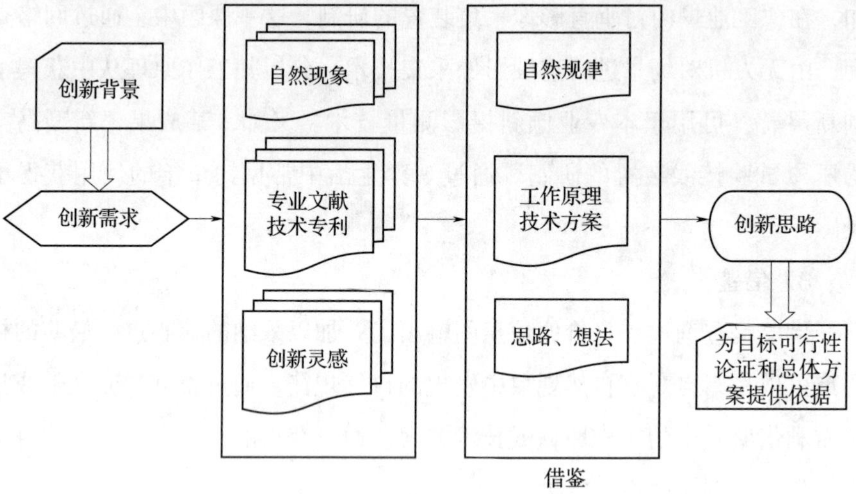

图 4–2　借鉴流程示意图

（3）为满足选题需求，借鉴过程不是仅采用一种方法即可获得满意的结果，应充分调动小组成员的智慧，采用适宜的方式寻找可借鉴的解决方案。

5. 课题的可行性论证

当小组在查询环节获取了可供借鉴的已知的多样性方案需要进行必要的筛选时，小组成员可根据课题的实际需要，进行必要的课题可行性论证。如“CRTS Ⅲ型板外形尺寸检测方法创新”小组在选择课题阶段，针对高铁轨道板出厂检验采用的手持式激光检测仪方法，提出研发自动化检测技术的需求，查询出的新型自动化检测方案分别提供了标准版和精英版两种配置，均可满足硬件上的需求。哪种更适合于满足本小组的创新需求，需要在确定创新型课题之前综合考虑小组的实际水平加以必要的可行性论证。

三、课题名称

创新型课题名称是对小组创新活动内容的高度概括，要直接针对创新的方法、工具或设备、软件、产品等。其特点主要体现在两个方面：一是明确提出活动要研制（发）或创新的内容；二是体现出鲜明的创新特征。名称要简洁、准确、明确，一目了然，避免使用模糊、抽象、冗长的文字描述。对于一些专业名称过长的创新对象，可以进行必要的简化，使课题名称简单明了。其名称构成“如何对待—创新对象—具体问题”，也可以是“创新对象—具体问题—如何对待”，格式及示例：

“×××—○○○—△△△”或者“○○○—△△△—×××”

即“如何对待—针对的主体—创新对象”或者“针对的主体—创新对象—如何对待”。

创新型课题名称示例：

研发　盾构接收时盾尾与成型管片分离的　新方法；

研制　一种全长在承压水头以下的　锚杆施工技术；

研制　D1422 型坡口机　驱动装置；

研发　新型矿浆管道　清管器。

四、常见问题

（1）课题针对的是当前存在的问题，没有针对需求。有些小组成员仅把注意力集中于现场存在的问题，纠结其中，没有认清问题可能产生的不良结果及分析现有的人员能力、技术水平、设备状况或材料性能的局限性，无法针对需求提出活动课题。

（2）选题时的查询只是查无，没有可借鉴的内容。小组认为查询仅为了证明选择活动的课题是以前没有的，不理解查询的目的和作用，没有掌握查询的多种方法和途径。

（3）借鉴查询中只概括提及相关文献或借鉴事物的名称，而没有指出借鉴的关键点或所借鉴的工作原理。

【例 4–1】“D1422 型坡口机驱动装置的研制”课题。

选题背景：

近年来全自动焊接工艺（如图 4–3 所示）在管线施工中被广泛使用，

它具备焊接速度快、质量高等优点，作业时需要管材形成多角度复合型坡口（如图 4–4 所示）进行焊接。目前国内管材运输多为车载运输，采用坡口机搭配液压站为其提供动力，进行现场坡口整形工作。此种组合过重且无“行走”能力，需吊管机搭载坡口机（如图 4–5 所示）方可开展流水作业。

图 4–3　全自动焊接工艺

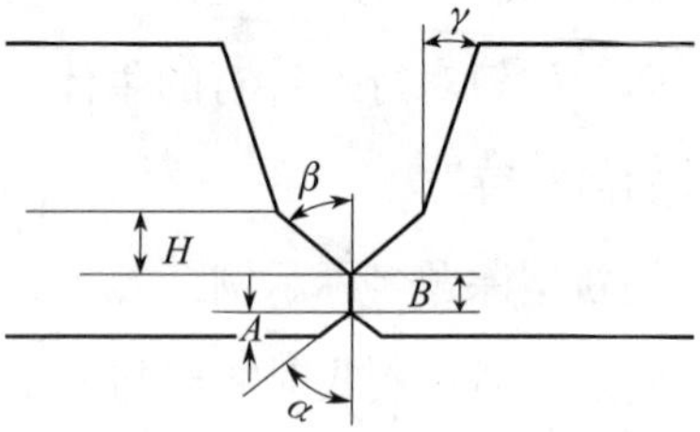

图 4–4　复合型坡口形式

图 4–5　吊管机搭载坡口机形式

小组概况：略。

选择课题：

（1）提出需求。我公司参建的某试验段工程，采用现今国内外最大口径的 D1422mm × 80mm 管材为主体管线，所采用的 D1422 型坡口机重量随之增长，其配套液压站的重量也由之前的 1 ~ 2t 增长至 5t，如继续采用以往的搭配方式，由吊管机受力分析（如图 4–6 所示）可知，将严重破坏吊管机原有的设计平衡性，极大地增加了风险隐患。

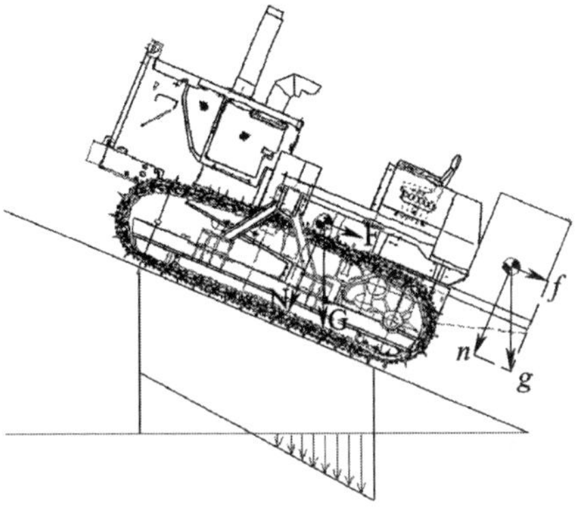

图 4-6　吊管机受力分析图

（2）确定课题。针对上述问题，小组成员检索了国内外权威数据库，调研了国内外文献、学术报告和该技术领域的相关权威机构，并进行了技术查新。

1）维普数据库关键词查找“液压工作站”“减重”“坡口机”“通过性”“平稳性”等关键词，结论无相关资料。

2）小组成员进行了网络搜索和坡口机厂家调研，查找是否存在新型的坡口机或动力源能够替代目前所使用的设备搭配，得出结论：D1422 坡口机液压系统流量需求为 300L/min，具备同等性能指标的液压站重量均在 5t 以上，无可替代产品。

3）在百度数据库中，小组成员查找到挖掘机驱动坡口机的相关资料（如图 4-7 所示），其原理为：对挖掘机的液压系统进行改造，将坡口机的液压系统与挖掘机的液压系统进行并联，省去了坡口机液压站的发动机、燃油箱、液压油箱和安装平台等部件，使坡口机液压站重量降低了 70% 以上，有效保证了其原有的平衡性及稳定性。

受此启发，小组成员通过咨询公司设备主管单位，得出我公司 DGY40 型吊管机闲置数量较多，随即小组成员提出免去液压站的动力系统，以吊管机驱动坡口机的搭配方式，并以“吊管机驱动＋坡口机”为关键词，通过查询机构进行查询，得出结论：无相关文献资料，可以进行创新研究。

图 4-7　挖掘机驱动坡口机装置图片

4）小组成员在对吊管机厂家进行调研时，咨询了吊管机在保证平衡性及稳定性的前提下吊管机尾部可承受的重量，厂家的资料上无此方面的参数，只提供了相关的结构参数，小组成员通过结构参数绘制出吊管机受力分析图，对吊管机尾部最大增重量 G_1 进行计算，并得出结论：为了不影响吊管机原有的设计平衡性，吊管机尾部承载重量不应大于 1.5t，与挖掘机驱动坡口机装置的重量相似。

根据上述理由，经小组成员决定，将此次质量管理活动课题定为“D1422 型坡口机驱动装置的研制”。

案例分析：

该课题小组的工作任务为最大口径的 $D1422\text{mm} \times 80\text{mm}$ 管材为主体管线的现场坡口整形工作。现有的技术为采用坡口进行焊接操作，由液压站为其提供动力源，需吊管机搭载配合开展流水作业，但无法完成小组最大口径坡口整形的实际需求。该课题小组通过网络查询的方式，查询途径为百度数据库检索，获得了“挖掘机驱动坡口机”的相关资料，受此启发并加以借鉴，提出了通过改造吊管机，以“吊管机作为动力源驱动坡口机搭配方式”这一创新思路，从而确定了创新课题。

本案例中需要注意，小组在查询阶段已确认了课题的创新性，在获得了“吊管机作为动力源驱动坡口机搭配方式”创新思路后，不必出示查询机构的查新报告用以证明课题的创新性。

第三节 设定目标及目标可行性论证

明确了活动课题的创新需求后，小组应设定出清晰的活动目标，此为创新型课题活动程序的第二个步骤。这一步骤包括两部分内容：设定目标和进行目标可行性论证。通过设定目标及目标可行性论证使小组在活动中有的放矢，明确活动方向和便于检验预期效果。

一、设定目标

设定目标既是明确小组的活动方向，也是衡量小组活动完成效果的依据。质量管理小组设定创新型课题的目标应根据课题的需求确定，使研发的新机具、新技术、新材料、新项目服务于选题的需要。

设定创新型课题目标值分为定性目标和定量目标，先定性后定量。定性目标是根据选题需求简要阐明课题预期目标，但定性目标无法对课题活动的预期效果进行检验，还需设定定量目标，使课题活动效果可测量。小组设定目标应满足以下几点要求：

1. 根据课题需求确定课题目标

由于创新型课题是针对需求导入的，因此当确定了活动课题后，应将课题需求转化为课题目标。小组应注意：一项新装置性能的优劣、新机具加工精度的高低、新技术的先进与否以及开发新项目的复杂程度，不能脱离实际、背离选题需求，过分追求高精尖无益于实现课题目标，设定的课题目标应以满足需求为目的，并与课题需求保持一致。

有些小组只关注于创新对象本身，把新产品功能参数列为课题目标值，偏离了课题活动初衷，与课题需求脱节。例如，某课题“研制施工升降机实时监测装置”把目标值设定为“停靠高度误差小于 1cm”。该课题需求是为了能够智能化实时监控施工升降机，施工升降梯停靠高度方向的精准度与该监测装置能否实时监测升降机的课题需求不一致。

2. 目标可测量、可检查

为了便于测量小组活动效果，设定的目标应以选题阶段通过查询获得的可借鉴对象的实际效果，或可借鉴的相关数据的工作原理作为依据，以数据说话，进一步转化为可测量、可检查的目标值。

仍以上述“研制施工升降机实时监测装置”课题为例，为了满足研制的监测装置能够智能化实时监控施工升降机，实现精准停靠到指定楼层的工作任务需求，目标值可设定为“实时监控准确率达 ××% 以上”。当然，提出的量化目标值往往是基于目标可行性分析，通过进一步与借鉴的相关数据对比分析和推算得出的。

3. 目标设定不宜多

课题需求的初衷往往是希望创新对象不仅只是带来某一方面的突破性改善。但在开发过程中必须明确课题需求的主次，哪方面是需要现场首要满足的，只有这样才能便于在提出总体方案时做出清晰的判断。

在设定课题目标时一般以一个为宜，小组应根据满足最为迫切的需求作为课题目标。当有两个目标值需要同时加以满足，它们之间应是相互制约的，即当研制的对象设定的一个目标值无法满足实际需求时，应从另一个维度设定目标值，两个目标值之间应相互制约，无从属或关联关系。具有相互关联关系的目标值必须进行取舍，应选取更为符合课题需求的角度确定目标值。

【例 4–2】“CRTS Ⅲ型板外形尺寸检测方法创新”课题。

选择课题：

小组在课题活动中，针对 CRTS Ⅲ型高铁轨道板出厂检验采用的现有技术为手持式激光检测仪方法，存在对操作人员水平要求较高、劳动强度大及人员操作过程中故障率较高、维修成本大，稳定性相对较差等问题。选题阶段通过查询，决定借鉴“机器人装配式光学 CMM 3D 扫描仪检测技术”。

目标设定：

根据机器人装配式光学 CMM 3D 扫描仪检测技术特性，实现自动化检测时间小于 10min/ 块。

案例分析：

该案例中，小组针对提高 CRTS Ⅲ型高铁轨道板出厂检测工效的课题需求，将这一需求转化为可测量的课题目标，设定了“实现自动化检测时间小于 10min/ 块”的目标值，量化目标值与检测工效要求一致。

二、目标可行性论证

目标可行性论证是对设定的目标加以说明，确认设定的活动目标合理可行。小组应本着基于客观事实的活动原则，要以事实和数据对实现目标的可行性进行论证。目标可行性论证主要包括两部分内容：依据借鉴的相关数据进行论证；依据事实和数据，进行定量分析与判断。

1. 分析借鉴的相关数据

小组在选题阶段明确了需求，通过查询借鉴为制定目标提供了依据，创新思路逐渐清晰。提出活动目标前应首先对借鉴对象加以分析，通过借鉴对象采集到的相关数据、工作原理、关键技术作为理论依据。

在分析所借鉴的数据和信息时，有些借鉴的数据易于获取，可以直接用于比较分析。小组会发现，当一些选题阶段借鉴的对象无法直接获得想要的数据或工艺原理等关键信息时，如一些专利技术由于受到知识产权保护，较难获得详细数据和信息，技术文献缺乏关键性阐述，可尝试从借鉴对象的使用效果或结果分析，或对已知实物进行推导分析，以提供设定课题目标值的参考。

仍以“新型高空均压罩接线装置的研制”这一课题为例，接线装置的创新关键点是操作杆的可伸缩特点，进行目标可行性论证时可以通过分析钓鱼竿可伸缩的工作原理，掌握相应的理论计算依据，进而应用于接线操作杆的目标值推导计算，计算结果用于论证设定的量化目标值的合理性。

2. 依据借鉴的相关数据进行论证

对目标值进行可行性论证时，要有效利用所借鉴的数据和信息，从而推算拟研制对象目标值设定的可行性。必要时也可以通过模拟试验加以佐证。依据事实和数据进行定量的分析和判断。

如"新型高空均压罩接线装置的研制"这一课题在获得了相应的理论计算依据后，便可以对接线操作杆设定的目标值推导试算，计算结果用于论证设定的量化目标值的合理性。

三、常见的问题

（1）目标与课题需求不一致。小组没有针对课题需求确定课题目标值，而是以创新对象本身的性能参数作为目标值。

（2）目标不可测量，也不可检查。设定目标时没有将课题需求转化为量化目标值，从而无法进行课题活动前后的效果检查。

（3）目标值过多，且相互之间有关联关系。小组设定的目标值以性能参数为目标值容易形成课题目标值过多的问题，或没有针对首先应满足需求的多个目标值之间存在的主次或从属关系加以分析判断。另外，没有分清目标值之间的关联关系也容易出现目标值过多的问题。

（4）目标可行性论证无可借鉴的相关数据作为依据。在设定目标阶段没有利用选题阶段通过查询借鉴获得的思路，也没有进一步收集可供借鉴的相关事实和数据，进行量化的分析判断。

【例 4–3】"研发盾构接收时盾尾与成型管片分离的新方法"课题。

选择课题：

某小组所在项目部承担的盾构施工中，盾构机需要拆机、转场，以往盾构接收时采用拼装两块临时管片的方法，但由于分离后管片拼装机抓举板达不到临时管片吊装头位置，导致临时管片只能依靠人工进行拆除及外运，工作量大，过程烦琐，工作效率低，工作时间共计 48h。小组推算整个施工过程滞后，通过对拆机、转场全过程进行统计分析，发现只有盾尾与成型管片分离的时间控制在4h以内，才能实现节点工期。

小组经网络查询、文献检索发现可以借鉴盾构机推进油缸撑靴头安装使用的改向架，该改向架是利用拼装机旋转进行推进油缸撑靴头的安装工作 。小组成员受改向架与管片拼装机的连接方式的启发，经分析本工程可采用传力装置，并通过类似的连接件将传力装置与管片拼装机相连可以快速完成盾尾与成型管片的分离工作。

设定目标及目标可行性论证：

（1）确定目标：设计并制作一套传力装置代替传统方法中的临时管片，在盾尾与成型管片分离过程中实现机械化作业，提高施工效率。

（2）确定目标值：将盾尾与成型管片分离有效作业时间由48h缩短为4h。

（3）目标可行性论证：

将借鉴管片拼装机、改向架相关的数据与设定的目标值进行对比分析。

根据资料查询结果，采用管片拼装机、改向架进行推进油缸撑靴头安装时，每8min可安装1组，小组成员结合自身能力分析，如由现场现有施工人员采用管片拼装机、改向架进行推进油缸撑靴头安装，每10min可安装1组。

若根据其改向架的原理设计并制作一套传力装置，分离过程中采用管片拼装机、管片吊机进行传力构件的安装及拆除，类似于利用管片拼装机进行推进油缸撑靴头安装过程，可将安装及拆除时间分别控制在40min内。

根据安装推进油缸撑靴头类似施工经验，经理论计算，当采用传力装置进行盾尾与成型管片分离的有效作业时间为3.5h（见表4–1），目标能够实现。

表4–1　分离时各工序理论有效作业时间计算表

工作内容	制作传力装置	运送洞内	吊运安装	同步推进	拆除	外运存放	合计
平均耗时/h	0	0	0.7	1.6	0.7	0.5	3.5

制表人：×××　　　　制表时间：××××年××月××日

综上所述：目标一定能够实现。

案例分析：

小组在进行目标可行性论证时，对将选题阶段查询到的盾构机推进油缸撑靴头安装使用的改向架加以分析，通过分析改向架的工作原理及对比收集的相关数据，推算出拟采用的传力装置进行盾尾与成型管片分离用时，从而论证了课题目标值的合理性。论证过程做到了依据事实和数据进行定量的分析和判断。

第四节　提出方案并确定最佳方案

提出方案并确定最佳方案是根据借鉴的内容提出总体方案，并逐步分解到可实施的具体方案。

一、提出方案

提出方案分为提出总体方案和提出分级方案。

1. 总体方案

以选题阶段获得的可供借鉴的创新思路为核心，形成满足实际需求的总体方案，是创新的工具或机具、方法、项目、产品、服务的具体表达形式。总体方案要针对课题目标提出，是实现课题目标的关键。如果借鉴的内容来源于一个具体、单一的思路，总体方案即为一个。如果借鉴的内容来源于多个，总体方案可为多个。

提出总体方案后应按构成总体方案的不同功能特性进行功能展开分解。例如，在“新型高空均压罩试验接线装置的研制”课题中，均压罩试验接线装置按功能展开可分为接线钳、伸缩杆和操作手柄，它们构成了总体方案的三个功能特性。

2. 分级方案

提出分级方案是指在总体方案的分解过程中，由于次级方案的不确定性，需要提出多个可比选的次一级方案以供择优确定。总体方案典型分解单元示意图如图 4–8 所示。

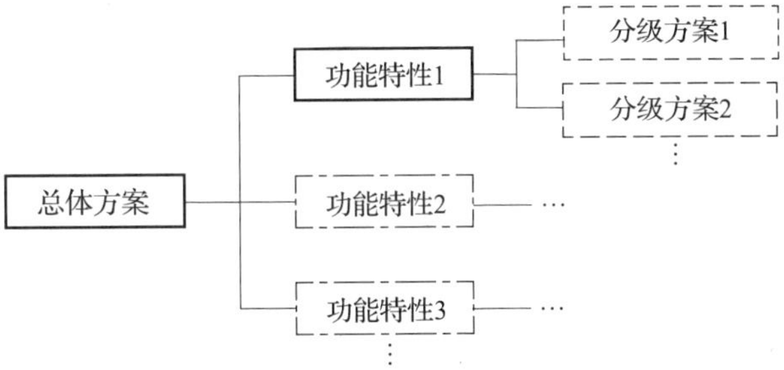

图 4–8　总体方案典型分解单元示意图

上述分解单元示意图仅表示了总体方案的典型分解单元以及总体方案功能展开后与分级方案之间的从属关系。需要注意的是，不同的小组在开展活动中会因装置、方法创新的差异性而在总体方案展开过程有所不同，采用系统图表达总体方案的分解展开时会有相应的变化。总体方案展开时常见的几种变化情况如下：

（1）根据一个借鉴思路构思的总体方案可能提出的多个分级方案。

（2）总体方案的同一层级功能展开后，其中某一层级功能特性仍需细分功能特性。

（3）分级方案没有分解到可实施的具体方案时，仍需进入下一层级的分解展开，一直分解到可实施的具体方案为止。

例如，在“新型高空均压罩试验接线装置的研制”课题中，接线装置借鉴了钓鱼竿可伸缩的工作原理，可伸缩即为接线装置的核心点，总体方案由可伸缩操作杆体及相应的试验接线部分组成，作为总体方案的功能展开，此时完成了提出总体方案的任务。而分级方案的提出是当每段杆与杆之间的连接方式有不同方式可供选择时，如采用螺栓丝扣拧紧连接方式还是卡扣锁紧连接方式都可能实现杆与杆的连接时，便形成了两个可比选的分级方案。

方案的分解是指通过对构建的总体方案进行逐级分解，使总体方案的轮廓逐渐清晰，总体方案通过功能展开，逐级分解比选，展开确保满足总体方案各项性能指标要求的可实施的具体方案。

3. 提出方案时应注意的问题

（1）提出的总体方案是根据借鉴的内容确定的，具有创新性。

（2）当提出多于一个总体方案时，必须注意方案之间应具有创新性和相对独立性。这种相对独立性是指方案借鉴的核心技术不同，提出的两个总体方案之间不存在从属关系。

（3）提出的分级方案均是可比选的方案，一般不少于两个。

【例 4–4】“D1422 型坡口机驱动装置的研制”课题。

在本章第一节例 4–1 中，课题借鉴了“挖掘机动力源驱动坡口机”，提出了以“吊管机动力 + 坡口机”为核心的吊 / 坡模式切换系统装置的总体方案，总体方案的分解如图 4–9 所示。根据总体方案的各主要功能特点，分解出液压油泵、模式切换控制装置和模式切换执行装置等三个主要功能组成部分，这三项功能中每项均无法指明具体实施方案，需要提出多个可比选的分级方案择优确定最佳方案。如液压油泵系统中又有齿轮式液压泵或柱塞式液压泵需进行比选后确定。齿轮式液压泵和柱塞式液压泵是针对液压油泵选型提出的两个可比选的分级方案。针对模式切换和执行装置也分别提出了可比选的分级方案。

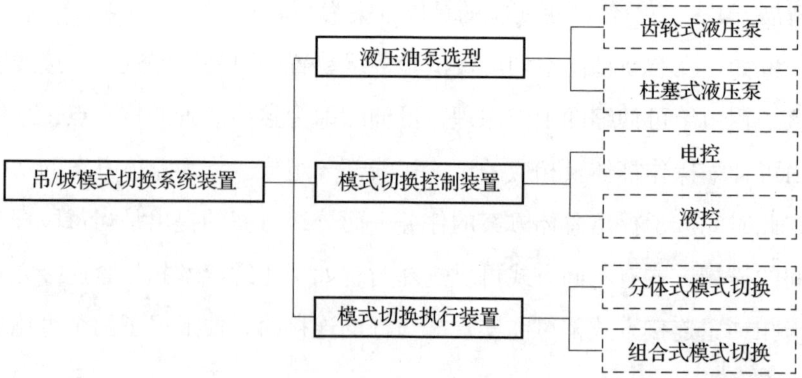

图 4–9　总体方案分解示意图

【例 4–5】“大曲率双螺旋无支撑箱形钢梯制作方法创新”课题。

本案例是针对某工程大曲率双螺旋无支撑箱形钢梯制作方法的创新，提出了整体预装法的总体方案，方案分解时首先针对整体预装法的关键环节进行功能展开（如图 4–10 所示），主要包括钢梯放样、钢梯分段下料、螺旋状零件板压制和大曲率螺旋楼梯组装四个部分。针对各功能展开部分分别提出多个可供比选的方案，如针对如何进行钢梯放样提出了采用电脑三维建模放样和采用螺旋梯投影法放样两个可供比选的分级方案，以此类推。

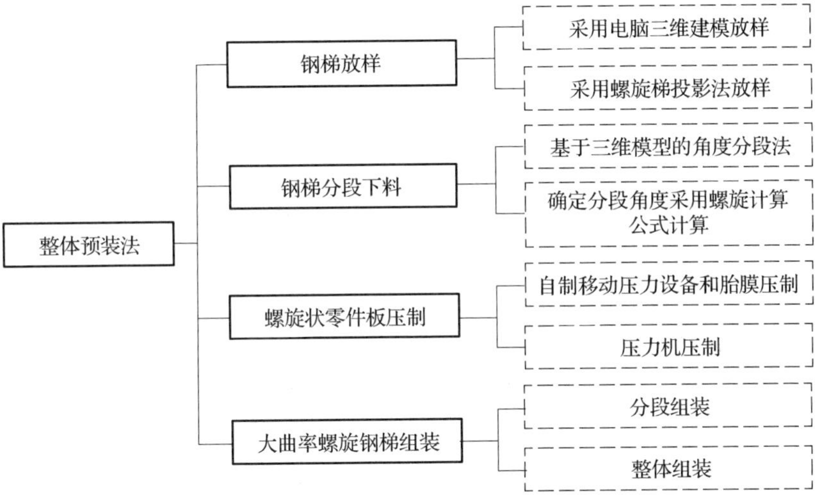

图 4–10　总体方案分解示意图

二、确定最佳方案

总体方案分解出各项功能组成部分，并针对每项功能展开提出了分级方案后，应采用客观的方法分别针对每组分级方案进行评价和选择。如图 4–10 所示，总体方案典型分解示意图中针对“钢梯放样”提出的分级方案“采用电脑三维建模放样”与“采用螺旋梯投影法放样”形成比较关系，应根据客观需要，选择相应的确定方式进行评价选择。

1. 方案的确定方式

（1）现场测量：通过现场实测数据取得每个分级方案的数据后，可以直接比较出各分级方案是否符合性能要求，如精度、时间长短、环境指标等特性值的数据采集。

（2）试验：通过现场试验取得每个分级方案的试验数据，为方案的综合评价提供依据。例如，分级方案为一组设备、材料或多因素组合的解决方案进行比较时通过试验的方式取得数据。在例 4–6“箱涵顶进施工中传力装置的研制”课题中，对设备主体自稳方式采用加强筋内嵌或加强筋外箍进行选择时，小组采用了试验的确定方式，进行试验设计时提出了应满足的性能指标要求，通过试验分别取得两个分级方案的试验数据。

小组应明确试验目的，确定主要性能参数要求，根据所具备的资源能力制定试验方案，做好试验准备，试验过程做好记录。

（3）调查分析：有些分级方案进行比选时不能直接通过测量或试验的方法来取得数据，需要结合现场调查、采集数据并应用必要的统计方法进行分析处理，分析的结果为选择最佳方案提供判断依据。

2. 方案的评价和选择

通过现场测量、试验或调查分析等确定方式取得了方案的对比数据后，小组需要对每组方案进行综合评价，方案评价时应根据课题需求对方案的特性要求，从多角度全方位进行评价，避免漏项，并用事实和数据对经过整理的方案进行评价和选择。

如在例 4–6“箱涵顶进施工中传力装置的研制”课题中，对设备主体中拼接件采用 20mm 钢板或钢筋混凝土板的分级方案进行选择时，除通过试验取得主要性能参数外，根据课题需求还需要考虑制作成本和制作工艺的因素，对两个分级方案进行比选时需要综合从性能参数、制作成本和制作工艺三方面进行了评价，从而择优确定最佳方案。

三、常见的问题

（1）选题阶段与提出方案并确定最佳方案阶段脱节，没有有效利用选题阶段提供的可供借鉴的信息提出总体方案，使提出的总体方案与借鉴信息不一致。

（2）提出的总体方案中不具备创新性，或在提出的两个以上方案中相互之间存在从属关系或工作原理雷同，不能形成相互独立的两个总体方案。

（3）方案分解不彻底或分解过细。不能将总体方案逐级分解细化到可实施的具体方案，就无法针对各项功能特性制定清晰的对策。反之，方案分解过细是在已经满足了某一功能的性能指标后仍纠结于某一细节的比选中，从而难以形成最佳总体方案。

（4）方案的选择缺少依据，只是定性分析方案的优缺点。对方案的选择以主观分析为主，没有按照现场测量、试验或调查分析等方案的确定方式选择最佳方案。

【例 4–6】“箱涵顶进施工中传力装置的研制”课题。

提出方案并确定最佳方案：

（1）提出方案。根据借鉴的思路，提出高精度自稳型传力装置的总体方案并进行分解，如图 4–11 所示。

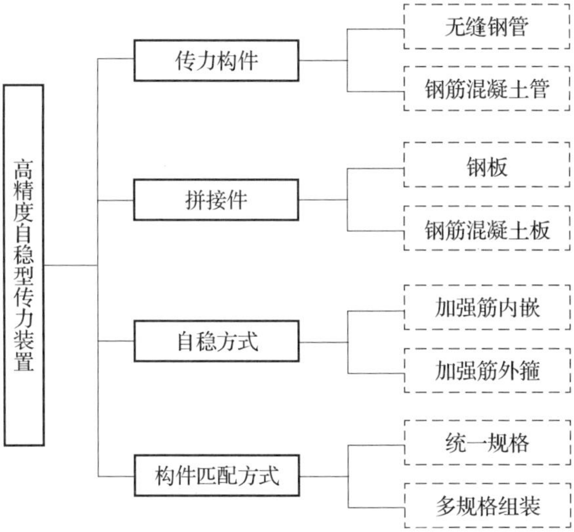

制图人：×××　　　　制图时间：××××年××月××日

图 4–11　方案分解树状图

（2）传力构件的比选及评价如表 4–2 所示。

表 4–2　传力构件的比选及评价

<table>
<tr><td rowspan="2">分级方案</td><td colspan="2">无缝钢管</td><td>钢筋混凝土管</td></tr>
<tr><td colspan="2"></td><td>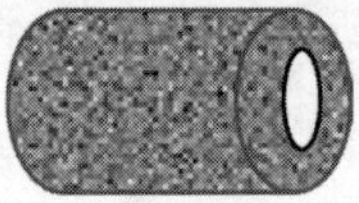</td></tr>
<tr><td rowspan="4">比选依据</td><td colspan="2">比选项</td><td>量化值</td></tr>
<tr><td rowspan="2">性能指标</td><td>承受压力值 F</td><td>$F \geqslant 4900$kN</td></tr>
<tr><td>破坏程度</td><td>弯曲度不大于 1.5mm/m；不能出现任何裂纹等表面破坏特征</td></tr>
<tr><td colspan="2">成本控制</td><td>1500 元</td></tr>
<tr><td rowspan="3">试验设计</td><td colspan="3">Q235 无缝钢管、C50 钢筋混凝土管直径为 ϕ400mm，壁厚为 40mm，通过压力试验，测试两种材质的承压能力与弯曲度、表面破坏特征等破坏程度</td></tr>
<tr><td colspan="2">无缝钢管加压试验</td><td>混凝土管加压试验</td></tr>
<tr><td colspan="2">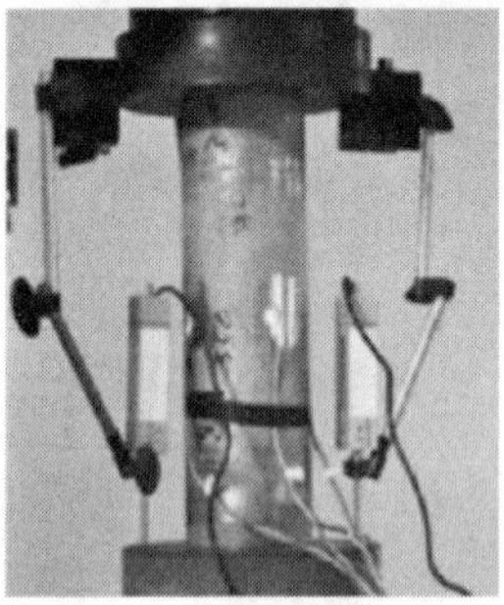</td><td></td></tr>
</table>

<table>
<tr><td rowspan="11">模拟试验</td><td colspan="8">试验方案参数选择分析</td></tr>
<tr><td>序号</td><td>项目</td><td colspan="2">无缝钢管</td><td colspan="4">钢筋混凝土管</td></tr>
<tr><td>1</td><td>材质</td><td colspan="2">Q235</td><td colspan="4">C50</td></tr>
<tr><td>2</td><td>形状</td><td colspan="2">圆柱形</td><td colspan="4">圆柱形</td></tr>
<tr><td>3</td><td>尺寸误差</td><td colspan="2">± 1mm</td><td colspan="4">± 1mm</td></tr>
<tr><td>4</td><td>横向压力</td><td colspan="2">500t</td><td colspan="4">500t</td></tr>
<tr><td>5</td><td>荷载类型</td><td colspan="2">垂直负重</td><td colspan="4">垂直负重</td></tr>
<tr><td>6</td><td>承压极限</td><td colspan="2">0 ～ 800t</td><td colspan="4">0 ～ 800t</td></tr>
<tr><td rowspan="3">7</td><td rowspan="3">变形、破坏参数</td><td colspan="2">千斤顶参数</td><td>100t</td><td>300t</td><td>500t</td><td>800t</td></tr>
<tr><td rowspan="2">破坏程度</td><td>弯曲度 /（$mm \cdot m^{-1}$）</td><td>0</td><td>0</td><td>0.3</td><td>0.7</td></tr>
<tr><td>外观</td><td>—</td><td>—</td><td>轻微裂纹</td><td>裂纹贯通</td></tr>
</table>

续表 4–2

	比选项		量化值	比选项		量化值
试验结果	性能指标	承受压力值 F	F=4900kN	性能指标	承受压力值 F	F=4900kN
		破坏程度	弯曲度为 0.3mm/m		破坏程度	混凝土表面已有轻微裂纹
单位成本	920 元 /m			780 元 /m		
结论	采用			不采用		

制表人：×××　　　　制表时间：××××年××月××日

（3）拼接件的比选及评价如表 4–3 所示。

表 4–3　拼接件的比选及评价

分级方案	20mm 钢板		20mm 钢筋混凝土板
			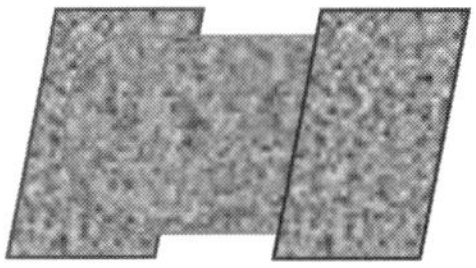
比选依据	比选项		量化值
	性能指标	平整度	不平度不大于 27mm
		贴合度	镰刀弯不大于 1.6mm
	成本控制		300 元
试验设计	Q235 钢板、C50 钢筋混凝土板尺寸为 400mm×400mm×20mm，通过加压试验，测试出平整度、贴合度指标		
	钢板加压试验		混凝土板加压试验
	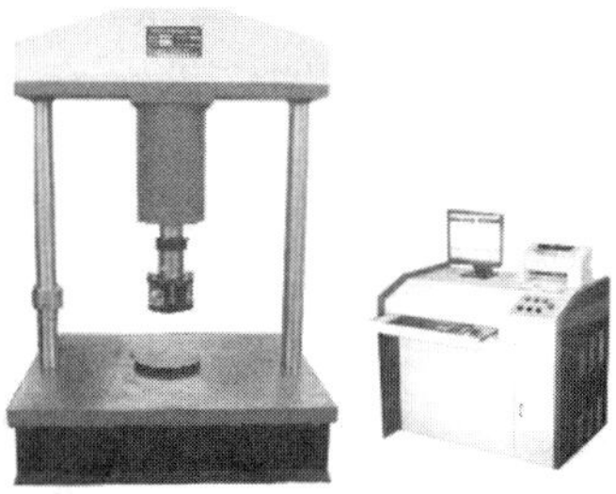		

续表 4–3

<table>
<tr><td rowspan="7">平整度测试</td><td colspan="6">试验方案不平整度选择分析</td></tr>
<tr><td rowspan="2" colspan="2">方案</td><td rowspan="2">公称厚度 / mm</td><td rowspan="2" colspan="2">公称宽度 / mm</td><td>不平度 /mm</td></tr>
<tr><td>规定的屈服强度 R_e > 320MPa</td></tr>
<tr><td colspan="2">规范</td><td>> 2</td><td colspan="2">≤ 1200</td><td>≤ 27</td></tr>
<tr><td colspan="2">钢板</td><td>20</td><td colspan="2">400</td><td>≤ 13</td></tr>
<tr><td colspan="2">钢筋混凝土板</td><td>20</td><td colspan="2">400</td><td>≤ 32</td></tr>
<tr><td colspan="6"></td></tr>
<tr><td rowspan="6">贴合度测试</td><td colspan="6">试验方案镰刀弯选择分析</td></tr>
<tr><td rowspan="2" colspan="2">方案</td><td rowspan="2">公称长度 / mm</td><td rowspan="2" colspan="2">公称宽度 / mm</td><td>镰刀弯 /mm</td></tr>
<tr><td>不切边，实际长度 ×0.4%</td></tr>
<tr><td colspan="2">规范</td><td>< 5000</td><td colspan="2">≤ 600</td><td>≤ 1.6</td></tr>
<tr><td colspan="2">钢板</td><td>400</td><td colspan="2">400</td><td>≤ 1.3</td></tr>
<tr><td colspan="2">钢筋混凝土板</td><td>400</td><td colspan="2">400</td><td>≤ 1.6</td></tr>
<tr><td rowspan="3">试验结果</td><td colspan="2">比选项</td><td>量化值</td><td colspan="2">比选项</td><td>量化值</td></tr>
<tr><td rowspan="2">性能指标</td><td>平整度</td><td>不平度
不大于 13mm</td><td rowspan="2">性能指标</td><td>平整度</td><td>不平度
不大于 32mm</td></tr>
<tr><td>贴合度</td><td>镰刀弯
不大于 1.3mm</td><td>贴合度</td><td>镰刀弯
不大于 1.6mm</td></tr>
<tr><td>单位成本</td><td colspan="3">150 元 / 块</td><td colspan="3">98 元 / 块</td></tr>
<tr><td rowspan="2">制作工艺</td><td colspan="3">1. 需要高密度机床加工，不断校核，使之成为完全平面；
2. 现场运输简单</td><td colspan="3">1. 需要高密度模板浇筑，使之成为完全平面；
2. 由于混凝土脆性大，现场运输复杂</td></tr>
<tr><td colspan="3">满足条件</td><td colspan="3">不满足条件</td></tr>
<tr><td>结论</td><td colspan="3">采用</td><td colspan="3">不采用</td></tr>
</table>

制表人：×××　　　　制表时间：××××年××月××日

（4）自稳方式的比选及评价如表 4–4 所示。

表 4–4　自稳方式的比选及评价

<table>
<tr><td rowspan="2">分级方案</td><td colspan="3">加强筋内嵌</td><td colspan="3">加强筋外箍</td></tr>
<tr><td colspan="3">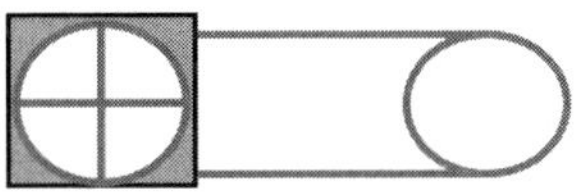</td><td colspan="3"></td></tr>
<tr><td rowspan="5">比选依据</td><td colspan="2">比选项</td><td colspan="4">量化值</td></tr>
<tr><td rowspan="2">性能指标</td><td>外观值</td><td colspan="4">允许偏差为 ±0.4mm，不圆度不大于 0.4mm</td></tr>
<tr><td>力学试验结果</td><td colspan="4">冷弯试验 180°　$d=a$、R_{eL} ≥ 235MPa、R_m ≥ 370MPa、A ≥ 25.0%、A_{gt} ≥ 10.0%</td></tr>
<tr><td colspan="2">成本控制</td><td colspan="4">500 元</td></tr>
<tr><td colspan="6" style="display:none"></td></tr>
<tr><td rowspan="2">试验设计</td><td colspan="6">通过加强筋力学试验，测试出外观值、力学性能指标</td></tr>
<tr><td colspan="3">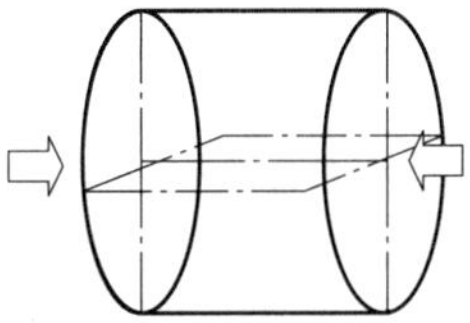</td><td colspan="3">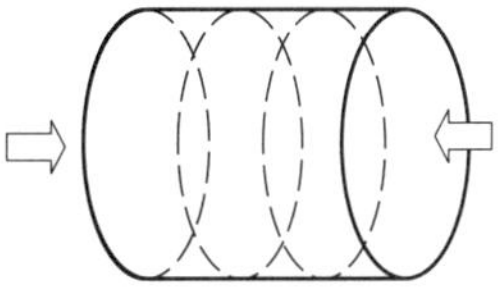</td></tr>
<tr><td rowspan="4">外观选择标准</td><td colspan="6">试验方案外观选择偏差</td></tr>
<tr><td colspan="2">公称直径 /mm</td><td colspan="2">允许偏差 /mm</td><td colspan="2">不圆度 /mm</td></tr>
<tr><td colspan="2">6（6.5）
8
10
12</td><td colspan="2">±0.3</td><td colspan="2" rowspan="2">≤ 0.4</td></tr>
<tr><td colspan="2">14
16
18
20
22</td><td colspan="2">±0.4</td></tr>
<tr><td rowspan="5">力学性能试验</td><td colspan="6">试验方案力学性能选择分析表</td></tr>
<tr><td>方案</td><td>R_{eL}/MPa</td><td>R_m/MPa</td><td>A/%</td><td>A_{gt}/%</td><td>冷弯试验 180°
d= 弯芯直径
a= 钢筋公称直径</td></tr>
<tr><td>规范要求</td><td>≥ 235</td><td>≥ 370</td><td>≥ 25.0</td><td>≥ 10.0</td><td>$d=a$</td></tr>
<tr><td>加强筋内嵌</td><td>≥ 225</td><td>≥ 325</td><td>≥ 20.0</td><td>≥ 9.0</td><td>$d=a$</td></tr>
<tr><td>加强筋外箍</td><td>≥ 300</td><td>≥ 420</td><td>≥ 25.0</td><td>≥ 9.0</td><td>$d=a$</td></tr>
</table>

续表 4–4

<table>
<tr><td></td><td colspan="2">比选项</td><td>量化值</td><td colspan="2">比选项</td><td>量化值</td></tr>
<tr><td rowspan="2">试验结果</td><td rowspan="2">性能指标</td><td>外观值</td><td>允许偏差为 ±0.3，不圆度不大于 0.4</td><td rowspan="2">性能指标</td><td>外观值</td><td>允许偏差为 ±0.3，不圆度不大于 0.4</td></tr>
<tr><td>力学试验结果</td><td>$R_{eL} \geqslant 225MPa$，$R_m \geqslant 325MPa$，$A \geqslant 20.0\%$，$A_{gt} \geqslant 9.0\%$</td><td>力学试验结果</td><td>$R_{eL} \geqslant 300MPa$，$R_m \geqslant 420MPa$，$A \geqslant 25.0\%$，$A_{gt} \geqslant 9.0\%$</td></tr>
<tr><td>单位成本</td><td colspan="3">320 元 /m</td><td colspan="3">430 元 /m</td></tr>
<tr><td>结论</td><td colspan="3">采用</td><td colspan="3">不采用</td></tr>
</table>

制表人：××× 制表时间：××××年××月××日

（5）构配件匹配方式的比选及评价如表 4–5 所示。

表 4–5　构配件匹配方式的比选及评价

<table>
<tr><td rowspan="2">分级方案</td><td colspan="2">统一规格</td><td>多规格组装</td></tr>
<tr><td colspan="2"></td><td></td></tr>
<tr><td rowspan="4">比选依据</td><td colspan="2">比选项</td><td>比选要求</td></tr>
<tr><td rowspan="3">性能指标</td><td>功能性</td><td>能够完全承载传来的压力，并完全将力传递于连接物体</td></tr>
<tr><td>稳定性</td><td>抗压能力强，无断裂、变形现象</td></tr>
<tr><td>拼装工艺</td><td>对接难度，拼装时间</td></tr>
<tr><td rowspan="2">试验设计</td><td colspan="3">通过现场试验比对，测试两种型号规格配套的组装形式，分别从功能性、稳定性、拼装工艺进行对比分析</td></tr>
<tr><td colspan="2">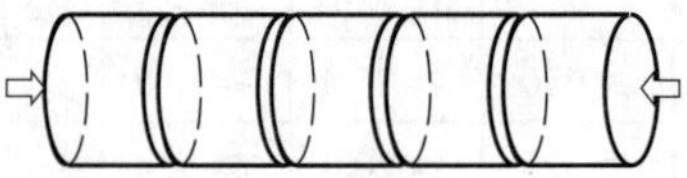</td><td>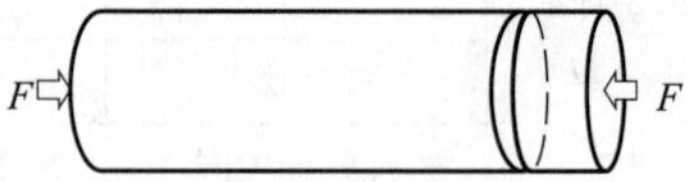</td></tr>
</table>

续表 4–5

<table>
<tr><td colspan="2" rowspan="3">方案分析</td><td colspan="2">整体布局偏差也是传力变形、崩镐的重要因素。整体布局关键点在于工人拼装问题，虽然在设计、制作传力设备方面达到了精密程度，但因为施工特点，现场拼装完全依靠机械吊装后工人手工调配，这是影响传力设备完全重合的重要因素之一</td></tr>
<tr><td></td><td></td></tr>
<tr><td>一台千斤顶需配套 30 根 ×10000mm 传力柱</td><td>一台千斤顶需配套 7 根 ×40000mm 传力柱 +2 根 ×10000mm 传力柱</td></tr>
<tr><td rowspan="6">比选结果</td><td rowspan="2">拼装工艺</td><td>需要高密度机床加工，不断校核钢板，使之内嵌于钢管中</td><td>减小了拼接次数，降低了工人拼接难度，更保证了传力性能</td></tr>
<tr><td>不满足条件</td><td>满足条件</td></tr>
<tr><td rowspan="2">功能性</td><td>1. 能够保证传力设备完全承载千斤顶压力；
2. 很难完全将力传递于连接主体，偶尔会发生分解压力现象</td><td>1. 能够保证传力设备完全承载千斤顶压力；
2. 完全将力传递于连接主体，不发生分解压力现象</td></tr>
<tr><td>不满足条件</td><td>满足条件</td></tr>
<tr><td rowspan="2">稳定性</td><td>1. 抗压能力强，完全可以承受试验压力；
2. 没有发生断裂现象；
3. 没有发生变形现象</td><td>1. 抗压能力强，完全可以承受试验压力；
2. 没有发生断裂现象；
3. 没有发生变形现象</td></tr>
<tr><td>满足条件</td><td>满足条件</td></tr>
<tr><td colspan="2">结论</td><td>不采用</td><td>采用</td></tr>
</table>

制表人：×××　　　　制表时间：××××年××月××日

（6）确定最佳方案如图 4–12 所示。

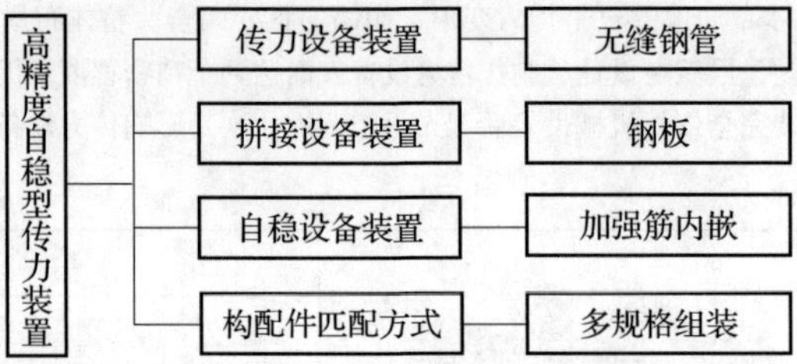

制图人：××× 　　　制图时间：×××× 年 ×× 月 ×× 日

图 4–12　最佳方案树状图

案例分析：

小组提出总体方案后，进行分级方案比选时，通过测量、试验等确认方式对分级方案进行评价和选择，比选时分别对试验方案进行设计并提供了比选依据，根据分级方案的不同分别提出了比选项，并将比选结果进行对比，从而确定最佳方案。

小组对构配件匹配方式进行比选并确定选择“多规格组装”方案后，尚缺乏可实施性，该方案仍有多方案可供比选，没有进一步分解到可实施的具体方案。

第五节　制 定 对 策

制定对策是将方案分解中选定的可实施的具体方案制定出行之有效的对策，并逐项纳入对策表，确保实现活动目标，满足工作任务的需求。

一、制定对策的要求

1. 编制对策表

确定了最佳方案后，需要按照 5W1H 要求制定对策表（表 4–6）。对策即为可实施的具体方案，按对策表要求逐项制定对策，对策要明确，对策目标可测量、可检查，措施具体。

表 4-6　对策表

序号	对策（What）	目标（Why）	措施（How）	时间（When）	地点（Where）	责任人（Who）

提出方案并确定最佳方案阶段，经过对最佳总体方案的逐层逐级分解展开，和方案选择评价过程确定了可实施的具体方案，进入制定对策阶段即可纳入对策表的“对策”一栏。目标的制定指针对每项对策对应的目标值，目标值的设定可参考确定最佳方案过程中通过测量、试验和调查分析获得的试验参数或应符合主要性能指标。目标设定要可测量、可检查；“措施”是对策的具体做法的展开，措施要具体、有针对性、具有可操作性。针对每一项对策应明确小组成员的责任分工、实施地点和完成时间。

2. 制定专项测试对策

新产品、新技术或项目的创新从确定最佳方案到形成可投入应用或运行需经历试装、试用、试运行、样板检验等测试过程。这一过程应在制定对策阶段针对完整的创新对象制定专项的测试对策，是确保创新对象能够正式投入使用或实施的保证。因此，制定对策时除了应将可实施的具体方案逐项制定对策外，尚应增加装置或新方法的组装测试环节。这一环节制定的目标值可以围绕着课题需求主要性能参数制定。对于有些涉及安全风险要求的课题，小组需征询有关主管部门的认可，便于达成对策目标值。

二、常见问题

（1）对策表中的对策与最佳方案中可实施的具体方案不一致。制定对策时没有与提出方案并确定最佳方案中可实施的具体方案相衔接，两个步骤之间没有关联。

（2）对策目标不可测量或不可检查，措施不具体。

（3）课题目标值与对策表中的目标值相混淆。一种情况是课题目标值没有合理将选题需求转化为量化目标值，目标值没有找准；另一种情况是具体方案没有分解到可实施的具体方案，因此无法准确设定目标值。

【例 4–7】“敏感建筑物下富水地层全断面层压浆盾构施工技术研发”课题。

小组确定了全断面压浆盾构施工技术最佳方案后，绘制系统图如图 4–13 所示。

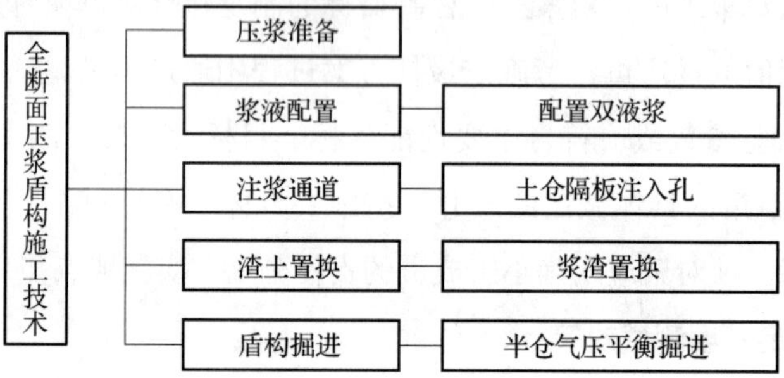

图 4–13　系统图

综合以上方案的分析，小组成员依据方案实施中将要遇到的问题按照 5W1H 原则，制定了对策表（表 4–7）。

表 4–7　对策表

序号	对策	目　标	措　施	地点	时间	责任人
1	压浆准备	1. 膨润土浆液 24 小时强度不大于 0.01MPa，盾体不被包裹； 2. 补充注浆后，壁后渗水率为 0	1. 通过盾体上的注入孔向盾体外周注入膨润土与水玻璃浆液； 2. 通过管片注浆孔向壁后进行二次补充注双液浆； 3. 注浆同时通过临近管片排水，排水量小于注浆量	隧道内	××	×××

续表 4–7

序号	对策	目　　标	措　　施	地点	时间	责任人
2	配置双液浆	1. 浆液的凝结时间为 90 ~ 100s； 2. 12h 抗压强度为 0.03 ~ 0.04MPa	1. 根据理论分析与经验，初拟浆液配比； 2. 实验室进行试验； 3. 出具试验配比性能报告	实验室	××	×××
3	土仓隔板注入孔	注浆操作便捷，管路堵塞率为 0	1. 利用盾构同步注浆系统； 2. 延长注浆管路； 3. 将注浆管与土仓隔板上注入孔相连	隧道内	××	×××
4	浆渣置换	加压注浆后土仓压力稳定在 450kPa 以上，掌子面未见明显流水	1. 通过隔板注入孔向土仓注入浆液； 2. 一边注浆一边螺旋机排土，保持土仓压力 420kPa； 3. 置换完后再加压注入浆液	隧道内	××	×××
5	半仓气压平衡掘进	刀盘扭矩不大于 4000kN·m，盾构推力不大于 20000kN	1. 土仓保持 2/3 的渣土，其他空间用气体保压； 2. 土仓压力保持在 150kPa	隧道内	××	×××

案例分析：

该小组针对全断面压浆盾构施工技术中，压浆准备、配置双液浆、土仓隔板注入孔、浆渣置换、半仓气压平衡掘进五项可实施的具体方案逐项一一制定了对策。对策目标可测量，措施具体可实施。

不足之处是小组制定的对策中缺少针对全断面压浆盾构施工技术正式投入使用之前的试验段测试的对策，包括相应的监测参数作为测试的目标值，以及针对性的措施等。

第六节 对策实施

制定对策后即应严格按照对策表中的各项逐一实施，每项对策实施后应根据对策表相应的要求对实施后的效果进行检查确认，以检验完成效果。

一、对策实施的要求

（1）按照制定的对策表逐条实施对策；对策表中的对策是按照最佳方案中各可实施的具体方案逐条制定的，因此在实施对策过程中，小组成员要按照对策表中确定的每项具体方案逐条实施。每条对策的实施过程，就是按照对策表中制定的具体方案逐条实施的过程。

（2）在每项对策实施完成后，都要及时进行实施效果验证，要在实施过程进行全程的同步观察和数据收集，每项对策实施后应及时将收集到的数据与对策表中的目标值进行比较，以确认对策目标完成情况。

如果小组确认措施实施完成后没有达到对策目标，此时应对对策措施做出调整或修改，按新的措施重新实施，收集数据确认效果，直至达到对策目标。

（3）必要时，验证对策实施结果在安全、质量、管理、成本、环保等方面的负面影响。

小组应根据课题和对策所在工况的实际情况决定是否验证某项对策的实施对项目的安全、质量、管理、成本是否会产生重大负面影响。如某项措施的实施导致安全风险增大，创新对策存在项目投入成本风险高，造成管理难度加大等。出现上述情况时应进行论证说明，以便小组采取预防措施，最大限度地降低课题活动风险。

在活动过程中，小组成员应尽可能收集实施过程的原始数据和图片，为成果总结提供证据，如实记录小组活动过程。

二、常见问题

（1）没有按照制定的对策表逐条实施。

（2）对策实施效果缺少具体数据，缺少具体时间。

（3）确定最佳方案时可实施的具体方案分解不彻底，实施中遇到问题再选择方案，或边实施边选择方案。

【例 4-8】“施工现场可移动式多功能电源的研制”课题。

施工现场可移动多功能电源的研制对策实施表见表 4-8 ～表 4-12。

表 4-8　对策实施表（一）

对策	无线遥控直流电驱行走单元
措施	1. 小组对设备制作厂家提出委托制造要求： （1）行走方式采用 LWDF-255 型橡胶履带轮胎； （2）驱动电机采用 10kW 的 NPQ-1.2 型直流电动机； （3）行走控制采用 F24-60 型无线遥控器。  （a）LWDF-255 型橡胶履带轮胎  （b）NPQ-1.2 型直流电动机 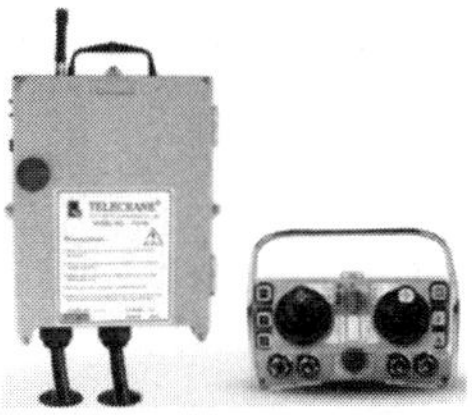 （c）F24-60 型无线遥控器 制作行走单元传动机构

续表 4–8

<table>
<tr>
<td>措施</td>
<td>
2. 箱体制作：
（1）小组成员采用L 50 × 50 × 5 的碳素角钢制作行走单元底板框架，框架尺寸为 1445mm × 965mm：

（a）测量

（b）切割

（c）焊接

（d）打磨
制作行走单元底板框架
（2）采用 9mm 的胶合板制作行走单元底板，通过钻尾丝固定在底板框架上：

（a）切割

（b）就位

（c）转孔

（d）固定

（e）切割

（f）打磨
制作行走单元底板
（3）采用 DN20 的镀锌钢管制作护栏：

（a）焊接

（b）清扫

（c）喷漆
制作护栏
（4）采用 1445mm × 965mm 的薄皮彩钢板制作顶棚：
</td>
</tr>
</table>

续表 4–8

<table>
<tr><td>措施</td><td colspan="6">
制作顶棚
3. 行走单元性能测试</td></tr>
<tr><td>目标</td><td colspan="6">行走单元爬坡度不小于 60%</td></tr>
<tr><td rowspan="12">验证</td><td colspan="6">进行行走单元爬坡度试验</td></tr>
<tr><td>人员</td><td>天气条件</td><td>道路条件</td><td>爬坡度 / %</td><td>爬坡试验次数 / 次</td><td>爬坡成功次数 / 次</td></tr>
<tr><td>×××</td><td rowspan="5">晴天</td><td>水泥路面</td><td>61</td><td>5</td><td>5</td></tr>
<tr><td>×××</td><td>土质路面</td><td>62</td><td>5</td><td>5</td></tr>
<tr><td>×××</td><td>粒料加固土路面</td><td>61</td><td>5</td><td>5</td></tr>
<tr><td>×××</td><td>碎石路面</td><td>63</td><td>5</td><td>5</td></tr>
<tr><td>×××</td><td>沥青路面</td><td>64</td><td>5</td><td>5</td></tr>
<tr><td>×××</td><td rowspan="5">雨天</td><td>水泥路面</td><td>61</td><td>5</td><td>5</td></tr>
<tr><td>×××</td><td>土质路面</td><td>62</td><td>5</td><td>5</td></tr>
<tr><td>×××</td><td>粒料加固土路面</td><td>61</td><td>5</td><td>5</td></tr>
<tr><td>×××</td><td>碎石路面</td><td>63</td><td>5</td><td>5</td></tr>
<tr><td>×××</td><td>沥青路面</td><td>64</td><td>5</td><td>5</td></tr>
<tr><td>结论</td><td colspan="6">满足目标要求</td></tr>
<tr><td colspan="7">地点：设备制造厂和研发基地
时间：××××年××月××日—××××年××月××日
负责人：×××、×××、×××</td></tr>
</table>

制表人：×××　　　　审核人：×××　　　　制表时间：××××年××月××日

表 4–9　对策实施表（二）

对策	预设优先级充电单元

措施

1. 小组使用自主研发的智能控制器组装充电单元：

智能控制器

2. 编写控制程序：

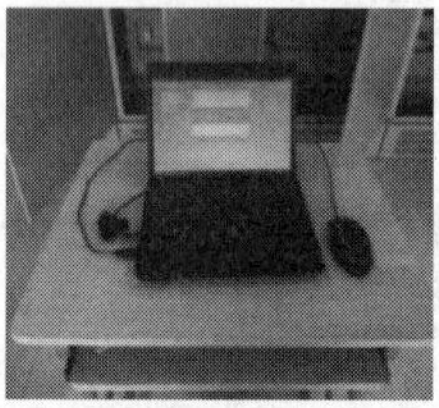

编写控制程序

目标	充电方式自动切换成功率不小于 99%

验证

对充电方式自动切换进行检测

人员	预设自动切换充电优先级	对应区域	自动切换试验次数 / 次	自动切换成功次数 / 次	自动切换成功率 /%
×××	光伏组件汇流接口优先，市电接口其次，发电机最后	光伏施工现场	10	10	100
×××			10	10	100
×××			10	10	100
×××			10	10	100
×××			10	10	100
×××	市电接口优先，光伏组件汇流接口其次，发电机最后	其他施工现场	10	10	100
×××			10	10	100
×××			10	10	100
×××			10	10	100
×××			10	10	100

结论	满足目标要求

地点：研发基地

时间：×××× 年 ×× 月 ×× 日—×××× 年 ×× 月 ×× 日

负责人：×××、×××、×××

制表人：×××　　审核人：×××　　制表时间：×××× 年 ×× 月 ×× 日

表 4–10 对策实施表（三）

<table>
<tr><td>对策</td><td colspan="11">多功能试验电源</td></tr>
<tr><td>措施</td><td colspan="11">1. 使用自主研发的 ADC–250/1000 型多功能试验电源装置组装输出单元：
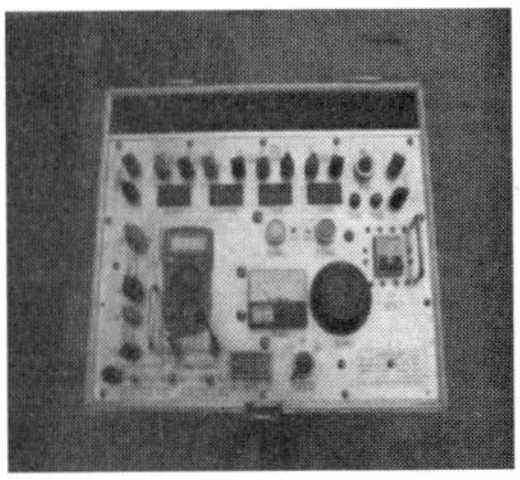
多功能试验电源装置
2. 安装交直流配电箱：

（a）就位

（b）固定
交直流配电箱安装
3. 线路连接：

线路连接</td></tr>
<tr><td>目标</td><td colspan="11">输出电压偏差不大于 ±5%</td></tr>
<tr><td rowspan="5">验证</td><td colspan="11">组装完成后，小组成员对输出电压进行了测试</td></tr>
<tr><td>额定电压 /V</td><td>AC 380</td><td>AC 220</td><td>AC 110</td><td>AC 12</td><td>AC 2</td><td>DC 10</td><td>DC 220</td><td>DC 110</td><td>DC 48</td><td>DC 24</td></tr>
<tr><td rowspan="3">输出电压 /V</td><td>368.29</td><td>221.14</td><td>108.37</td><td>11.957</td><td>2.0090</td><td>10.064</td><td>227.63</td><td>109.61</td><td>47.721</td><td>24.562</td></tr>
<tr><td>387.79</td><td>222.35</td><td>109.45</td><td>12.209</td><td>2.0170</td><td>9.947</td><td>215.67</td><td>107.76</td><td>48.283</td><td>24.576</td></tr>
<tr><td>387.98</td><td>222.57</td><td>110.59</td><td>12.221</td><td>1.9850</td><td>9.814</td><td>228.03</td><td>107.77</td><td>50.342</td><td>23.940</td></tr>
</table>

续表 4–10

<table>
<tr><td rowspan="19">验证</td><td rowspan="7">输出电压 /V</td><td>376.35</td><td>223.10</td><td>108.48</td><td>11.896</td><td>1.9916</td><td>10.024</td><td>217.91</td><td>111.65</td><td>50.026</td><td>24.180</td></tr>
<tr><td>372.43</td><td>211.86</td><td>110.37</td><td>12.108</td><td>2.0508</td><td>10.025</td><td>228.07</td><td>111.76</td><td>47.784</td><td>23.834</td></tr>
<tr><td>382.09</td><td>212.34</td><td>112.75</td><td>11.970</td><td>2.0110</td><td>10.450</td><td>219.16</td><td>111.82</td><td>49.402</td><td>23.954</td></tr>
<tr><td>362.59</td><td>212.36</td><td>109.41</td><td>12.080</td><td>1.9888</td><td>9.819</td><td>219.27</td><td>109.81</td><td>49.507</td><td>23.839</td></tr>
<tr><td>381.06</td><td>220.70</td><td>109.28</td><td>11.993</td><td>1.9666</td><td>10.268</td><td>220.33</td><td>108.70</td><td>49.584</td><td>23.635</td></tr>
<tr><td>381.44</td><td>212.83</td><td>111.86</td><td>12.205</td><td>1.9930</td><td>10.046</td><td>220.84</td><td>111.05</td><td>47.208</td><td>24.521</td></tr>
<tr><td>382.66</td><td>217.33</td><td>108.23</td><td>12.055</td><td>2.0946</td><td>9.758</td><td>218.96</td><td>108.22</td><td>47.721</td><td>22.970</td></tr>
<tr><td rowspan="10">输出电压偏差 /%</td><td>−3.08</td><td>0.52</td><td>−1.48</td><td>−0.36</td><td>0.45</td><td>0.64</td><td>3.47</td><td>−0.35</td><td>−0.58</td><td>2.34</td></tr>
<tr><td>2.05</td><td>1.07</td><td>−0.50</td><td>1.74</td><td>0.85</td><td>−0.53</td><td>−1.97</td><td>−2.04</td><td>0.59</td><td>2.40</td></tr>
<tr><td>2.10</td><td>1.17</td><td>0.54</td><td>1.84</td><td>−0.75</td><td>−1.86</td><td>3.65</td><td>−2.03</td><td>4.88</td><td>−0.25</td></tr>
<tr><td>−0.96</td><td>1.41</td><td>−1.38</td><td>−0.87</td><td>−0.42</td><td>0.24</td><td>−0.95</td><td>1.50</td><td>4.22</td><td>0.75</td></tr>
<tr><td>−1.99</td><td>−3.70</td><td>0.34</td><td>0.90</td><td>2.54</td><td>0.25</td><td>3.67</td><td>1.60</td><td>−0.45</td><td>−0.69</td></tr>
<tr><td>0.55</td><td>−3.48</td><td>2.50</td><td>−0.25</td><td>0.55</td><td>4.50</td><td>−0.38</td><td>1.65</td><td>2.92</td><td>−0.19</td></tr>
<tr><td>−4.58</td><td>−3.47</td><td>−0.54</td><td>0.67</td><td>−0.56</td><td>−1.81</td><td>−0.33</td><td>−0.17</td><td>3.14</td><td>−0.67</td></tr>
<tr><td>0.28</td><td>0.32</td><td>−0.65</td><td>−0.06</td><td>−1.67</td><td>2.68</td><td>0.15</td><td>−1.18</td><td>3.30</td><td>−1.52</td></tr>
<tr><td>0.38</td><td>−3.26</td><td>1.69</td><td>1.71</td><td>−0.35</td><td>0.46</td><td>0.38</td><td>0.95</td><td>−1.65</td><td>2.17</td></tr>
<tr><td>0.70</td><td>−1.21</td><td>−1.61</td><td>0.46</td><td>4.73</td><td>−2.42</td><td>−0.47</td><td>−1.62</td><td>−0.58</td><td>−4.29</td></tr>
<tr><td colspan="11">小组成员根据输出电压的测试结果，绘制了直方图：
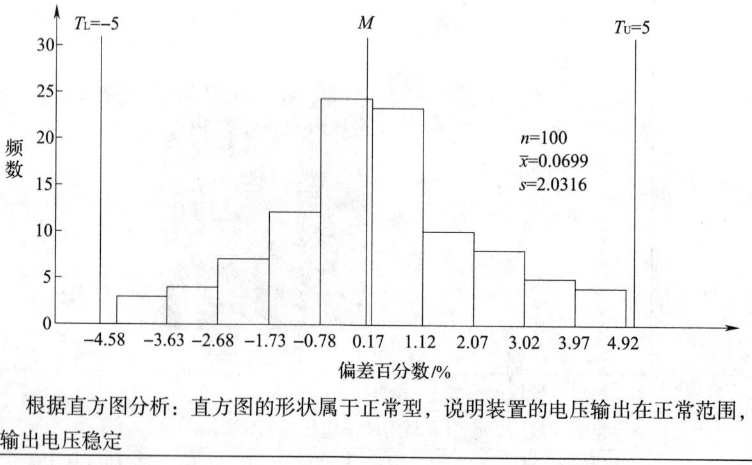

根据直方图分析：直方图的形状属于正常型，说明装置的电压输出在正常范围，输出电压稳定</td></tr>
<tr><td colspan="11"></td></tr>
<tr><td>结论</td><td colspan="11">满足目标要求</td></tr>
<tr><td colspan="12">地点：研发基地
时间：××××年××月××日—××××年××月××日
负责人：×××、×××、×××</td></tr>
</table>

制表人：×××　　审核人：×××　　制表时间：××××年××月××日

表 4–11 对策实施表（四）

<table>
<tr><td>对策</td><td>LED 环形组装照明控制单元</td></tr>
<tr><td>措施</td><td>
1. 采购 3 盏功率为 300W 的 LED 灯：

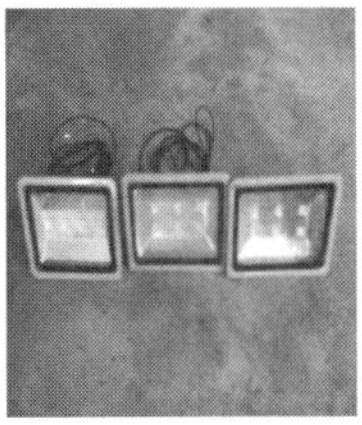

LED 灯

2. 使用 *DN*32、*DN*25 的不锈钢管制作立架：

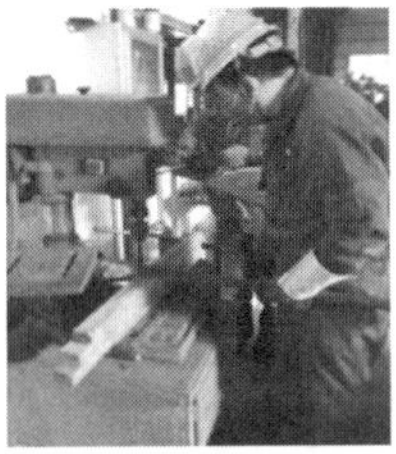

（a）钻孔

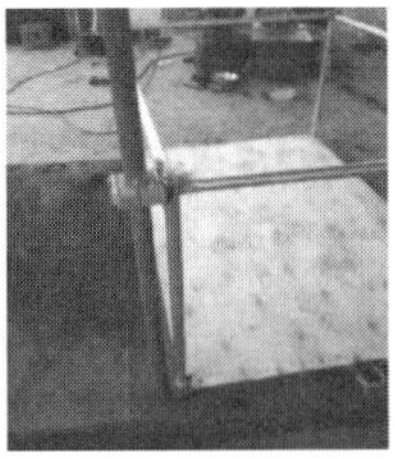

（b）固定

（c）喷漆

制作立架

3. 选用现场的废旧钢板制作 160mm × 95mm × 10mm 的托板，托板成正三角形排列：

（a）钻孔

（b）焊接

（c）与立架焊接

制作托板

4. LED 灯具安装、接线：

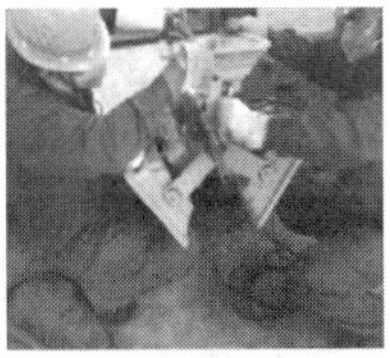

（a）灯具安装

（b）灯具接线

安装 LED 灯具
</td></tr>
</table>

续表 4–11

措施	5. 采购 T212–16A 型光照度控制器组装照明控制单元： 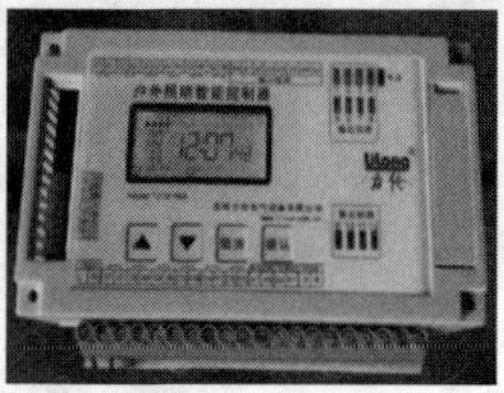 光照度控制器						
目标	30m 供电区域范围内的照度不小于 75 lx						
验证	组装完成后，小组成员对 30m 供电区域范围内的光照度进行了测试						
	人员	测试点距光源距离 /m	光照度测试值 /lx				
	×××	1	9547	9560	9541	9554	9555
	×××	2	2388	2366	2383	2376	2381
	×××	3	1062	1069	1078	1056	1071
	×××	4	597	595	588	606	609
	×××	5	382	393	388	399	395
	×××	10	296	299	308	315	311
	×××	15	142	145	158	152	140
	×××	20	114	109	113	118	120
	×××	25	95	92	91	97	99
	×××	30	81	85	82	88	85
结论	满足目标要求						
地点：研发基地 时间：×××× 年 ×× 月 ×× 日—×××× 年 ×× 月 ×× 日 负责人：×××、×××、×××							

制表人：××× 审核人：××× 制表时间：×××× 年 ×× 月 ×× 日

表 4–12 对策实施表（五）

对策	WSD–YZ6413 型监控摄像头
措施	1. 小组采购焦距为 12mm 的 WSD–YZ6413 型监控摄像头： 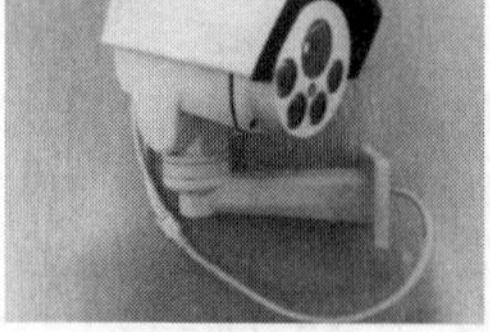 监控摄像头

续表 4–12

措施	2. 选用现场的废旧镀锌钢板制作 60mm × 70mm × 3mm 的摄像头底座，焊接在立架顶端：  制作摄像头的底座 3. 现场组装监控摄像头：  组装监控摄像头
目标	闯入识别率不小于 99%
验证	组装完成后，小组成员分别安排 10 人，每人分别进行 10 次试验，闯入识别率均达到 100%
结论	满足目标要求
地点：研发基地 时间：× × × × 年 × × 月 × × 日—× × × × 年 × × 月 × × 日 负责人：× × ×、× × ×、× × ×	

制表人：× × ×　　　　审核人：× × ×　　制表时间：× × × × 年 × × 月 × × 日

案例分析：

该小组按照对策表中各项要求逐一实施，每条对策实施过程均有现场实施过程记录，收集了相应的数据，并采用统计方法加以分析，分析结果与对策目标值进行比较，确认实施效果。

小组成员针对多功能试验电源的输出电压进行测试后，测试结果不适宜用直方图反应输出电压的稳定程度。

第七节 效果检查

创新型课题效果检查阶段，需要检验研制的小组活动是否达到课题目标。如果没有达到预期目标，需要从计划阶段（P 阶段）逐步查找原因、做出调整。一些复杂项目的研发创新经历一个 PDCA 循环的过程后，经效果检查后不一定能顺利达到活动目标，有时需要重新审视并确立选题方向，再进入新一轮的 PDCA 循环。效果检查通常包括以下两方面内容：

一、检查取得效果

（1）对策表中各项对策目标全部实施后即进入效果检查阶段，应及时收集数据和信息。

（2）效果检查时长及检查项应根据课题目标要求确定。具备条件后即可与课题目标进行对比。

（3）如果没有达到课题目标，应重新返回至计划阶段（P 阶段）分析原因，修正对策措施，直至满足课题需求为止。

（4）必要时，确认创新成果的经济效益和社会效益。

由于创新成果满足的需求不同，创造的经济效益也有大小之分，有的甚至投入大于产出，但是产生的社会效益显著，比如较多涉及节能环保类的创新成果往往具有深远的社会效益。例如某超高层混凝土尾料垃圾分类回收课题小组，针对每层进行混凝土浇筑作业后泵管内的尾料浪费严重，开发出的三级沉淀的尾料回收系统，一次性开发费用较高，但产生的社会效益巨大，计算该课题活动周期内其经济效益的投入是大于产出的。小组可以侧重于计算创新成果的社会效益，如实统计活动周期内的经济效益。

小组进行效果检查时可参照第三章第九节中的有关计算方法，如实分析活动周期内的经济效益和社会效益。

二、常见问题

（1）没有与活动目标值进行对比分析，确认目标是否达成。

（2）不能实事求是地分析经济效益，或分析不够全面。过分夸大经济效益或社会效益，或效益分析时出现漏项，都不能如实反映活动成果，这一阶段也需要小组成员群策群力，认真加以总结提炼。

【例 4–9】“D1422 型坡口机驱动装置的研制”课题。

效果检查：

小组成员历经 4 个月完成了吊管机改为 D1422 型坡口机液压动力源装置的研制，制作完成后，小组成员于 7 月 20 日 ~ 27 日进行了为期 7 天的管道坡口切削稳定性试验，测试时间为 53h，其间工作性能稳定，各项参数满足 D1422 型坡口机的工作需求，具体记录见表 4–13。

表 4–13　效果检验记录表

序　　号	主要技术指标	现场测试数据
1	适应管径：1422mm	1422mm
2	适应最大壁厚：30.8mm	30.8mm
3	坡口形式：U 形、V 形、复合型	复合型
4	单口加工时间：≤ 2min	1.7
5	工作压力：8 ~ 15MPa	8 ~ 12MPa
6	控制压力：3.5 ~ 5MPa	4MPa
7	流量：300 L/min	320 L/min
8	装置重量：≤ 1.5t	0.61t

制表人：×××　　　　制表时间：××××年××月

小组成员于对课题目标进行验证，D1422 型坡口机驱动装置输出流量为 320L/min，且装置重量为 0.61t。满足 D1422 型坡口机驱动装置输出流量 300L/min、重量小于或等于 1.5t 的目标。小组宣告 D1422 型坡口机驱动装置研发成功。活动目标前后对比柱状图如图 4–14 所示。

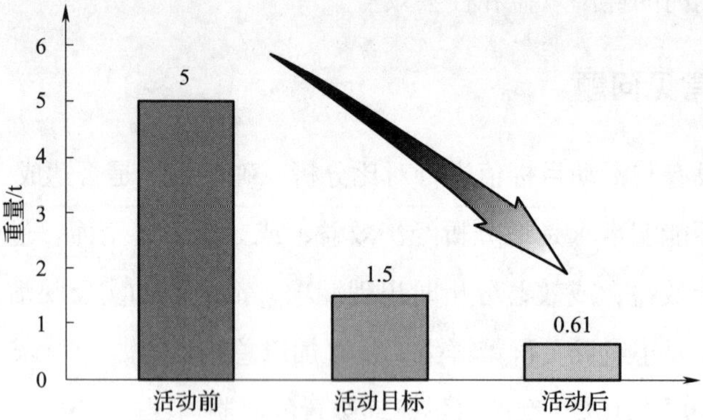

图 4–14　活动目标前后对比柱状图

成果应用及性能检测：

试验段项目管道直径为 D1422mm，壁厚为 21.4mm，已累计工作 42 天，共坡口 152 道，工作期间最低气温低于 –30℃，期间动力源工作稳定，坡口工作压力为 8 ~ 12MPa，刀盘转速为 33r/min，坡口质量符合全自动焊接工艺标准要求，并由管道局科技中心组织专家进行了现场测试。

测试结论：该装置安装后，输出参数满足 D14222 型坡口机工作需求，吊管机运行状态平稳。

经济效益：

该装置较以往设备配置模式减少投入液压站一台，单台液压站购置费用约为 40 万元。单台 DGY40G 吊管机改造为坡口机动力源改造成本约计 17 万元，经济效益合计 23 万元。

新型动力源装置依靠吊管机发动机提供动力，较之前吊管机与坡口机两台发动机同时工作，不光节省一台发动机的配置和重量，更是降低了两台发动机在工序衔接时的待工油耗。新装置在 11 月 9 日 ~ 17 日共使用燃油 700L，累计工作 37h，平均油耗为 18.92L/h，以同型号吊管机的加油记录计算，吊管机油耗为 15.25L/h，D1422 型坡口机的油耗为 10L/h，经计算，新型动力源较改造前的坡口整形工序节油25.07%，有效降低了设备的燃油消耗。

社会效益：

提高了设备的运行稳定性和安全性能，降低了燃油消耗，节约了施工成本，开创了一机多用理念在公司设备中应用的先河，锻炼了小组成员的创新能力。

案例分析：

小组在效果检查阶段详细记录了D1422型坡口机液压动力源装置研制完成后的成果应用及性能测试。

活动目标完成后，小组对经济效益和社会效益进行了确认。

第八节　标　准　化

小组活动成果经效果检查后即进入标准化阶段，小组只有通过标准化工作固化了成果，才能形成知识分享，使活动成果得以推广应用。

创新型课题的标准化阶段不同于问题解决型课题的巩固措施阶段。问题解决型课题制定巩固措施是针对质量问题采取了有效措施后进一步巩固取得的效果，防止同类问题再次发生。创新型课题活动成果经历了从无到有的过程，应将已取得的创新成果进行标准化，形成可参照执行的标准化文件，以便在同类质量管理活动中推广应用。

一、标准化的任务

现行国家标准《标准化工作指南　第1部分：标准化和相关活动的通用术语》GB/T 20000.1-2014对“标准化”的定义为“为了在既定范围内获得最佳秩序、促进共同效益，对现实问题或潜在问题确立共同使用和重复使用的条款以及编制，发布和应用文件的活动”。标准化的重要意义之一是改进产品、过程和服务的适用性。标准化作为一项活动，贯穿了编制、发布和实施标准的过程。《质量管理小组活动准则》T/CAQ 10201–2016 指出小组在标准化阶段应对创新成果的推广应用和价值进行评价。要对有推广价值、经实践证明有效的创新成果进行标准化，形成相应的技术标准、设计、图纸、工艺文件、作业指导书或管理制度。

小组活动标准化工作中所指的“标准”为广义的标准，它可以是工艺标准、作业标准、标准图集、工法、管理制度等。需进行标准化的内容应根据创新对象的类别不同而区别对待。比如，新技术、新方法类的创新成果，形成新技术、新工艺成果后应编制出相应的技术手册、工法、操作工艺、工艺卡片等；形成的新工具、新装置、新设备的创新成果则应提供相应的技术说明书、操作手册、图集或使用说明书；项目类，如软件开发或管理措施、管理方法的创新成果必须及时制定或修订相应的管理制度和测评标准等。

对于技术含量高、可开发价值大的新产品、新工艺、新机具等，可及时采取知识产权保护措施，如申请专利、软件著作权保护等可以作为标准化的证实性文件。

有些创新成果是专项或一次性的，不具有推广价值，对这类创新成果应将活动中的有关资料整理存档，以备成果升级或改进时查阅。

二、标准化注意事项

标准化工作应注意以下几点事项：

（1）由于小组活动周期较短，要求课题成果确认效果后，标准化工作必须及时到位，应有专人负责标准编制工作，保证标准编制质量和标准化的跟进工作。

（2）创新型课题的标准化工作一般应至少完成企业内部（或车间班组内）标准的编制和认定。

（3）对于已形成相应标准的成果，企业的上级主管部门或小组有关人员应对标准的执行情况进行定期跟踪，在后续成果的推广应用中不断完善创新成果，定期修订和更新标准化文件。

（4）对专项或一次性的创新成果，将创新过程相关资料整理存档。

三、常见问题

（1）标准化形式不具体。没有形成固化了的标准化文件，没有提供经上级主管部门确认的标准名称和标准的文号。

（2）将获得的奖励和申请的专利等作为标准化内容。

【例 4–10】“超长钢板桩施工机械组合新方法”课题。

标准化：

小组对本次活动中的“引孔机 +28RF 振动锤插打 + 柴油锤”组合、桩帽均衡受力、柴油锤间隔跳跃式打法、双拼限位钢板定位等成功做法进行了记录总结，由小组成员编制了《粉质黏土层超长钢板桩施工标准化指导书》，并纳入第三事业部标准化模块（编号 ZJZG–3–201703），并已申请公司标准化，在全公司范围内同类工程中推广应用（见图 4–15、图 4–16）。

图 4–15 闸室钢板桩试桩总结报告

图 4-16　超长钢板桩施工标准化指导书

后续将对成果中的双层导轮导架钢板桩限位装置申请专利，并将申报企业级工法。

案例分析：

小组将创新成果编制成作业指导书，并已纳入标准化模块。但尚未提供相应的工法，标准化工作仍待完善。

第九节　总结和下一步打算

小组活动的过程也是获取新知识和新方法的过程，小组成员从未知到已知，从创意到创造，尝试查询借鉴，在活动中学会科学创新，提高创新的成功率，掌握创新算法和路径。小组结束了一个创新型课题之后需进行全方位的回顾与总结。《质量管理小组活动准则》T/CAQ 10201-2020 第 4.2.9 条特别强调了从创新的角度，对活动成果实事求是地从专业技术、管理方法和综合素质方面加以总结。

本次成果的终点也是下一个成果的起点，完成了一个活动课题之后小组应根据实际需要继续选择新的课题开展改进和创新活动。

创新成果在推广使用中往往会暴露出存在的缺陷和需要改进的方面，小组成员可以从中发现新的课题思路。新的活动课题既可以是围绕着已有成果基础上的改进提高，为开展活动提出一个新的问题解决型课题，也可以进一步开拓新思路，发现新的创新型课题，设立一个新的创新起点。新的课题思路将纳入小组的下一步打算中。

有些课题成果在短期内无法延续性地推广应用，或由于受行业特点的限制，不能围绕着本次课题成果提出新的活动课题，此时应吸收本次课题活动的成功经验，结合小组活动能力的提升进一步提出新的活动课题。

【例 4–11】“塔式起重机司机通道的研制”课题。

总结和下一步打算：

（1）总结：

1）通过质量管理小组成员的共同努力，研发出了伸缩式司机通道装置，大大减少了司机攀爬时间和体力消耗，提高了工作效率，降低了塔式起重机司机安全隐患，同时距离长度可调节，使用范围更广泛，更具实用性。

2）通过本次质量管理活动的开展，大大提高了员工的团队精神、质量意识、积极性、质量管理知识以及创新意识和个人能力，从平均水平（B）均达到理想水平（A），活动前与活动后的自我评价如表 4–14 和图 4–17 所示。

表 4–14　自我评价分析表　　单位：分

序号	项　目	自我评价	
		活动前	活动后
1	团队精神	86	95
2	改进意识	75	94
3	工作热情和干劲	80	96
4	质量管理工具运用技巧	72	82
5	进取精神	80	92
6	质量意识	83	96

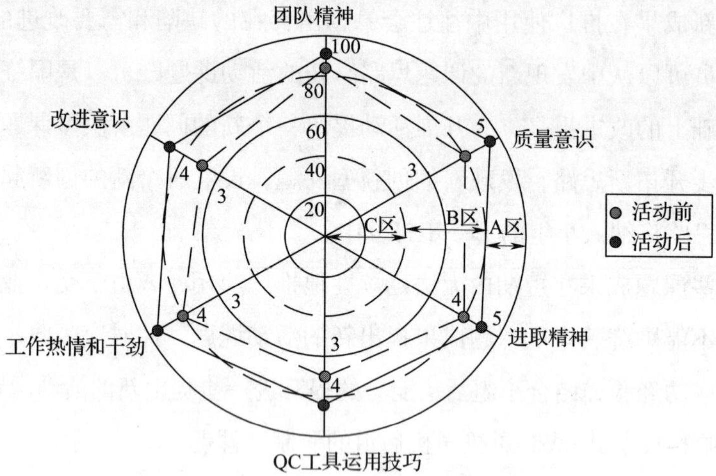

图 4–17　自我评价雷达图

（2）下一步打算：

1）虽然研发成功，试验效果较好，但观察时间短，可能存在一些缺陷问题没暴露出来，因此将在今后的使用过程中持续跟踪观察，及时发现问题并修正、整改；

2）我们将进一步增强创新能力、提高研发水平，将下一活动课题定为“施工升降机楼层防护的研制”。

案例分析：

（1）小组对本次团队活动进行了综合评价，但缺乏从创新的角度总结在专业技术和管理技术方面的收获和体会。

（2）雷达图同时采用百分制和五分制，应取其一。

第五章　质量管理小组活动成果的整理与发表

第一节　成果报告的整理

一个完整的PDCA循环结束后，质量管理小组就要对活动成果进行认真总结和整理，形成成果报告。编制好成果报告有利于成果的交流与分享，小组成员通过总结活动中的经验教训，可以提高活动的有效性和针对性。

成果报告是小组活动全过程的书面表现形式，是小组活动成果的重要输出。成果来源于质量管理小组活动全过程的原始记录和统计分析，经过全体小组成员共同讨论总结而成。总结、整理成果报告的两个基本立足点，一是立足于小组自身的提高，二是立足于发表交流，互相启发，共同提高。

一、成果整理的目的

1. 系统梳理知识

通过成果报告的整理，小组成员可以将整个活动各步骤中学到的知识进行系统的梳理，质量管理小组遵循PDCA活动程序、以事实为依据用数据说话的体现、统计方法的运用等，包括小组活动技巧的掌握以及业务技能的提升。通过小组成员知识、技能、经验的汇总，归纳出小组活动过程或小组成员的闪光点，进行小组技术储备，为今后的小组活动打下更好的基础，也使小组成员的知识和管理水平有所提高。

2. 提高小组成员科学总结成果的能力

质量管理小组成员在总结活动成果时，要做到条理化、系统化、科学化。这样有利于养成科学、系统的思维习惯和行为习惯，也有助于提高科学总结活动成果的能力。在整理成果报告过程中，要把握活动的逻辑关系，把质量管理小组的活动过程一步一步地描述清楚，不要漏掉有用的数据、事实和方法。通过整理质量管理小组活动的成果报告，可以提高小组成员科学总结成果的能力，并逐步养成系统、科学的逻辑思维和提炼归纳能力。这种能力的培养和提高，对于小组成员今后从事其他各项工作都会有益的。

3. 为发表与交流小组活动成果奠定基础

让大家具体地感受开展质量管理小组活动的乐趣，激发广大员工参加活动的愿望。使开展活动并取得成果的质量管理小组，用事实和数据反映在成果报告中，以便于交流与发表。

二、成果整理的步骤

1. 召开全体质量管理小组成员会议

由组长负责召集小组全体成员共同梳理课题活动全过程。一是认真总结回顾本次活动的经验教训。如选题是否与企业或项目的整体目标一致，问题是否找准，课题目标是否合理，原因分析是否找到末端原因，对策、措施针对性、有效性怎么样，工具应用是否科学恰当等。二是成员谈体会。总结每个小组成员在课题活动中所起的作用，是否充分发挥了个人的聪明才智，是否保质保量完成小组规定的工作职责和义务，针对不足明确改进方向。三是成果整理分工。根据小组成员每个人的特点，进行具体的分工。可绘制成果整理计划表，明确职责，按照分工安排和时间要求，并严格按计划进行推进。

2. 搜集活动过程的记录和相关资料

这些原始记录和资料包括：小组开展活动的会议记录，现状调查记录，现场测试、测量记录，统计分析记录，企业档案保存的相关记录，国内外同行业的相关资料，活动前后的对比资料以及支持性证明文件等。

3. 完成成果初稿

由成果材料执笔人根据活动记录和相关资料，按照活动程序和活动过程予以整理，形成初稿。

4. 成果审核

成果初稿形成后，按照成果整理计划表安排，由组长组织成果报告的审核，遇问题点根据需要组织组内讨论，分别提出修改意见后由执笔人进行修改。然后提交小组成员全体会议，进行讨论、修改、补充、完善，由执笔人根据会议意见再进行修改，形成终稿。

三、成果整理中应注意的问题

1. 严格按活动程序进行总结和整理

小组在总结、整理成果报告时，一定要严格按照其课题相应的活动程序进行总结、整理。有的小组没有按照活动程序要求认真开展质量管理活动，或者开展活动了而记录不完整，就很难形成一个完整的成果。

2. 突出重点

成果报告不能平铺直叙，要把在活动中所下的功夫、努力克服困难、进行科学判断的情况总结到成果报告中去。

3. 条理清晰，简明扼要

成果报告要以图、表、数据为主，配以少量文字说明来表达，尽量做到标题化、图表化、数据化，以使成果报告清晰、醒目。

4. 逻辑关系紧密

每个步骤、每个环节间都存在一定的逻辑关系。因此，在总结整理成果时要注重因果关系，做到步骤之间衔接紧密，前后呼应，条理清楚。

5. 尽量不用专业技术性太强的名词术语

成果在整理时，尽量将专业性比较强的名词、工艺、流程等，用通俗易懂的语言表述出来，提高成果的交流效果。

四、成果总结整理中常见问题

1. 成果的内容与形式没有达到和谐统一

从近几年工程建设行业发布的成果看，有部分小组存在此类问题。小组所选课题本来是用“问题解决型”可以解决的，而选用了“创新型”；本来是一个简单的产品工艺改进过程或简单的方案优化问题，用“问题解决型”完全可以解决的课题，而选择“创新型”解决；有的小组选择了“创新型”，而活动过程又是按“问题解决型”的程序开展；有的小组虽然选择了“创新型”，但又不严格按照“创新型”的程序开展，造成活动程序混乱。有部分小组活动成果通篇是作业规程、操作规程的翻版。尤其是对策实施过程基本上将作业规程、操作规程的工作流程全部照搬，将制定好的对策、措施抛开不用。

2. 客观有依据的少，主观臆断的多

有的小组在活动中不能很好地体现质量管理的思想和宗旨，违背了质量管理客观真实、用数据说话、判断有依据、抓主要矛盾的原则，不论是现状调查、目标可行性论证，还是原因分析、主要原因确认等环节，客观验证、数据分析被主观武断所代替，分析凭主观，判断靠开会，真正解决问题、判断问题的方法弃之不用。在每个阶段、步骤中，部分的判断过程主观性强，缺少有支持性的依据支撑，无法让人信服。

在选题理由上，没有将所选课题最充分、最直接、最客观、最真实的理由简要地说出来，而是空喊了几句笼统的、虚无缥缈的口号。如“××杯”的需要、集团公司的方针、公司领导的要求、国际国内影响力、工程难点等，成了部分小组在做选题理由时必走的误区。在目标依据说明上，缺少有说服力的数据分析、现状分析，而是凭主观意志断定目标能够完成。在主要原因确认时，不是将所有的末端原因通过现场测量、试验、调查分析来验证对问题或症结的影响程度，而是凭主观断定其是否是主要原因。对提出的对策，缺少有效性、可实施性的客观分析评估。每一条对策实施后，缺少有客观说服力的效果验证。在创新型课题中，选择课题没有明确需求，没有查询和借鉴，或借鉴技术和借鉴点不清楚。没有用借鉴的数据分析目标值的实现情况，提出的总体方案不具创新性和独立性，分级方案不具可比性。总体方案及分级方案选择评价，不彻底，没有层层展开，评价的主观性强，选择的方案也缺少客观依据等。

3. 活动程序不清晰，甚至颠倒

有的小组选择的是“问题解决型”课题，但对何时做、何时无须做目标可行性论证把握不准，不管目标是小组自定的，还是指令性的，全部进行了目标可行性论证。在创新型课题中，没有通过借鉴查询引出课题，提出的总体方案与借鉴查询脱节等。没有按照规定的活动程序去总结整理，做到齐全、正确、有效，而是杂乱无章，不能做到紧密衔接。

4. 表层化、浅显化处理问题

有的将“创新型”课题的方案只是简单地展开，初露端倪就盲目选定方案。有的在“问题解决型”课题活动中，仅满足于表层化的分析、判断、处理问题，浮于表面，浅尝辄止，而没有通过分层进行逐层展开分析，深入进去。现状调查分析到第一层的占大多数，没有通过分层直至找出影响课题的具体症结。在原因分析中所找的末端原因大部分不是末端原因，而只是中间原因，所分析出的所谓的末端原因根本无法直接采取对策。所以小组在主要原因确认、对策制定等下一步工作中做起来就非常困难，影响了活动效果。

5. 统计方法应用不灵活、不规范

统计方法应用灵活度、新颖度不够。大部分小组习惯于使用“两图两表”，比较实用的控制图、直方图、PDPC 法等工具应用较少。不会科学合理地应用工具，没有发挥出统计方法的最大效能。还有错用工具的问题，本该用饼分图的用了排列图，应该用折线图的用了柱状图，统计工具应用不适宜、不科学。

6. 文字多、图表少

成果中客观、真实、用数据说话、图表化的特点没有得到很好的体现。从课题简介、选题理由、现状调查，到对策实施、效果验证、总结等，大多用长篇的文字进行累述，醒目直观的图表反而用得少，没有做到图文并茂，活泼新颖。

7. 存在违反“以人为本”的现象

小组在找影响因素或进行原因分析时，往往找出“新分配的大学生多、责任心差、工作不认真、坏习惯多、经验不足、素质差”等因素，小组没有从制度上、体制上、管理上努力找不足，而是在挖掘人性的弱点上下苦功，让人的弱点在此暴露无遗。实际上人的因素是最难解决的问题，而在小组成果里又是最容易解决的问题，一个 PDCA 循环后什么问题都解决了，实在让人匪夷所思。

8. 前后矛盾

成果总结整理时，从一个极端走向另一个极端，前后矛盾。在进行目标可行性论证时认为领导重视、制度健全、设备先进、员工文化水平高，在进行原因分析时又认为员工素质差、设备故障率高、缺少培训制度。有的小组不注意活动时间，有的质量管理小组活动时间最短为 11 天，这么短的时间很难完成一个完整的 PDCA 循环，有虚假之嫌。有的小组在成果总结时，存在“三边”现象，即边施工、边检查、边对策实施，最后问题得到解决，工程创全优，这些都是不符合质量管理思路的。

第二节　成果的发表

质量管理小组活动成果总结完成后，为了互相交流，取长补短，就要分别在企业、行业等不同层次的发布会上进行发表和交流，达到共同进步的目的。

一、成果发表的作用

成果发表，不是为了评选优秀质量管理小组的需要，也不是为了施工企业招投标加分的要求，更不是为了应付上级领导检查而作秀。成果发表有其独特的作用，因而成为质量管理小组活动的一大特色，其主要作用是：

1. 相互交流，吸取活动经验和教训

在各行业协会组织的成果交流会上，给每个小组都提供了一个展示风采的机会，来自不同行业的质量管理小组发布成果，交流经验，相互学习，取长补短，尤其是接受小组活动专家的点评和答疑，使更多小组提高了认识，转变了观念，找到了改进的方向，推动了行业质量管理小组活动的不断前进。

2. 展现风采，满足小组成员自我实现的需要

广大工程技术人员大多默默无闻地奋战在施工第一线，从各自的企业内走出来参加成果交流，取得专家、同行的认可，是一个非常难得的展现风采和学习的机会。这必然会增强质量管理小组成员的荣誉感和自信心，起到激励和鼓舞士气的作用，给小组活动增加无穷的动力。

3. 展示成果，吸引多层次人员参加质量管理活动

质量管理小组在发布会上发表成果，展示活动过程，讲述取得的成果，交流心得体会，通过优秀的质量管理文化来吸引工程建设企业多层次的人员参加，是一个被广泛认同和推广的过程。成果作为一个载体，可以吸引不同行业、不同专业、不同部门和不同层次的人员参加质量管理活动。只要开展质量管理活动，严格按照程序实施，就会有所收获、有所提高，也有利于营造企业内良好的质量管理文化氛围。

4. 多方位提升个人综合能力

参加小组活动的成员，逐渐培养了积极思考，善于发现问题，解决问题的能力，养成了办事有章法的工作习惯，而经历了成果的总结和发表全过程的小组成员，在组织能力、文字总结能力、语言表达能力、成果展示能力等多方面得到了进一步的提升。通过成果报告的编写，小组成员锻炼了文字表达能力；参与成果讨论，也是理论水平进一步提高的过程；小组成员亲自发表质量管理成果，则可以充分展现风采，锻炼演讲水平，克服羞怯心理，必将为以后的职场发展产生积极的意义。

实践证明，质量管理小组活动历经四十余年风雨，一批批质量管理小组活动的参加者走上了领导岗位，成为工程建设行业的翘楚。

二、如何发表成果

1. 做好发表前的准备工作

一是做好文稿的校对工作。成果初稿形成后，由组长组织小组成员集体审核、修改，从语言、词句的逻辑性到标点符号的使用，从图表的规范到统计工具的运用，都要做到正确无误。二是制作多媒体演示文稿。将小组活动成果制作成PPT形式，尤其是现场调查、现场测试、测量、对策实施过程制作成动漫、3D表现形式，效果会更好。层次要清晰，重点要突出，支持性文件要齐全有效。三是选定恰当的发表形式。成果的发布提倡不拘一格，以能够清楚表达活动过程和成果的主要特点为原则，可以由组长组织全组人员进行内部试发布，看哪种发布形式更能够展现小组的风采，更能够将质量管理小组活动过程活灵活现地展现出来，就确定哪种发布形式，提高交流效果。

2. 发布成果应注意的问题

一是发布人穿着、打扮要得体。发布人上台发布时，要仪表端庄，衣着整洁。二是发布人上台后要先做自我介绍，即“各位专家、各位代表你们好，我是来自 ××× 小组的成员，名字是 ×××，今天受 ××× 小组的委托，汇报我们小组 ×××× 年度的活动成果，我汇报的课题是……”让听众知道你是本小组的成员，而不是外请的“演员”。三是灵活多样讲成果。发布人要面向听众，自然大方，不要拘谨和紧张，放平心态。采用脱稿发布，用讲故事的形式将活动过程讲出来，不要完全局限于PPT演示稿。不提倡原文一字不差地念成果或者背成果，讲成果效果会更好。发布时，声音要洪亮，语言要用普通话，吐字要清晰，语速要适宜，让听众感觉到你是在讲自己做过的事，要有说服力。四是重点讲述质量管理小组活动的精华部分。课题简介、小组概况、选题理由、效果检查等部分要简略讲，现状调查、原因分析、主要原因确认、对策制定及实施要重点讲，但也不要全部都讲，重点部分当中的重点要把握好。不要平铺直叙。五是注意发布时间。各行业发布成果时间一般都是在15min或13min时摇铃提醒，要控制不超时，但也不要用时过短，最好控制在13～15min之间，超时要扣分，用时过短说明发布人没有将成果充分发布出来，效果会受到影响。六是要尽量避免使用专业性很强的技术术语或外语，最好转换成通俗易懂的语言表达出来。如果必须使用时，应略做解释，以使听众明白。七是要学会“救场”。当发布人与PPT画面配合出现问题或电脑出现死机等现象时，发布人要不受影响，继续发布，不要停顿，学会随机应变，以显示小组发布人的风采，同时彰显小组活动的真实性。

3. 礼貌谦虚答疑

发布完毕后，发布人要礼貌地站在一边等待评委的提问，答疑时态度要谦虚，回答问题简明扼要，知者就答，答其所问，对评委的提问答疑应抱着一种探讨学习、以求改进的态度，不要视提问为挑刺。

4. 发表手段要灵活、实用

如在企业内部发表时，可用一块黑板、一支粉笔或一块综合性的图板、一件实物、几张照片等简单的发表手段，配合发布人的发布。如在企业外部发布时，可制作动漫、3D形式的PPT，制作应朴实、清晰、直观，以数据、图表为主，配以小标题及必要的文字说明。

三、成果发布中常见问题

在近几年全国工程建设质量管理小组活动成果发布会议上，有相当一部分成果发布人缺少发布激情，底气不足，语言平淡乏味，没有充分展现出小组的风采；照本宣科、平铺直叙的多，超水平发挥、高潮迭起的少；发布人拘谨，语气不自信，吐字不清晰，仪态不大方。发布人不能很好地利用15min的发布时间，该讲的没有重点讲，不该讲的却讲了不少，通篇把握不住重点。有的小组PPT发布画面与发布人的发布速度不同步，而发布人依赖性又太强，应变能力差，影响了发布效果。有的小组做的 PPT 画面背景颜色与字体的颜色对比度不好，也不同程度地影响了发布效果。有的小组发布人发布不得要领，“由于表中内容较多，我就不一一给大家念了”“时间不够，巩固措施不念了”“请大家献出宝贵的 15 分钟，听我讲解一下”“我从以下几个方面进行阐述”“我演讲的题目是……”的表述形式均是不合适的。

四、组织做好成果发表工作

组织做好质量管理小组活动成果发布工作，鼓励小组之间交流，为小组提供展现风采的平台，是企业或上级主管部门义不容辞的职责。

（1）发表形式服从于发表的目的。为了更好地发挥成果发表的作用，作为组织者应视不同层次区别对待，提倡不同特点的成果运用不同的形式发表，不搞一个模式。比如，在企业内部的成果发表会议上，可以运用小组成员集体上台一人发表一段或一人介绍、多人模拟表演等灵活多样的形式，以求实效。而在行业、地区或更高层次的成果发表会，可以制作动漫、3D 形式的 PPT，发表时间一般为 15min，但具体发表形式也可以根据小组的实际选用，前提是更能够展现小组的风采。

（2）发表会议的主持人要积极启发倡导听众对发表的成果提出问题，由发布人进行答辩。这样可以活跃会场气氛，起到相互交流、共同探讨，互相学习、共同提高的目的。

（3）每个成果发表答辩后，由担任评委的专家给予客观的讲评。小组成员应认真听取活动专家的质询和建议，这一环节是锻炼小组成员临场应变能力的机会，使每次成果发表会都成为一次结合实际的教育机会，使与会者得到一次学习和提高。

（4）邀请领导参加会议，感受小组活动的成果。为发表成果的小组鼓劲，为获奖的质量管理小组颁奖，并与小组成员合影留念，以资鼓励。其主要目的是为了进一步推动质量管理小组活动更加广泛、深入地开展。

总之，要组织好质量管理小组活动成果发表会，需要做很多复杂、细致的具体工作，如发表会时间、地点的确定要合适，哪一级领导参加，要选聘一定数量的专家担任评委，要布置好会场，准备发表所需要的工具，打印好评分表，现场公布发表得分等。会议组织者要提前制定好会议程序册，严格按照会议程序进行，确保质量管理小组活动成果发表会圆满成功。

第六章　质量管理小组活动成果的评审与活动的推进

第一节　质量管理小组活动成果的评审

一、评审目的和要求

通过成果评审，提供质量管理小组之间交流和互相启发平台，达到表彰先进、总结经验教训、提高小组活动水平的目的。对质量管理小组活动成果进行客观的评价与审核，需满足以下三个基本要求：

（1）有利于调动积极性。质量管理小组活动是职工自主组织起来进行质量改进的过程，其精神可贵，作用深远。评审时要充分肯定他们所取得的成绩，引导他们总结成功的经验，同时诚恳地指出存在的缺点和不足，以帮助他们提高活动水平。切不可对其缺点横加指责，更不能有嫌弃的态度，以保护和鼓励他们活动的积极性。

（2）有利于提高质量管理小组活动水平。为使企业质量管理小组活动不断改进，提高成果质量，评审员要努力学习和更新评审技术知识，跟上时代发展的步伐，准确领会评审标准，公平公正、认真负责、客观地对质量管理小组活动成果内容和活动过程进行评审，给出可操作的评价意见和建议，以帮助他们提高活动水平。

（3）有利于交流和互相启发。质量管理小组活动成果发表是小组和企业之间进行交流的有效平台，评审活动成果对交流能起到引导作用。对一个小组活动成果进行评审，总结成功的经验，指出存在的缺陷和不足，提出改进意见，对其他小组来说，能从中得到更好的启发与帮助。为此，评审人员在评价总结成功经验和指出不足时，一定要有依据，实事求是。

二、评审原则

1. 抓主要问题

在评审质量管理小组活动成果时，除了要帮助小组总结成功经验外，还要对照评审标准，找出其中存在的主要问题。每个质量管理小组活动成果都不可能十全十美，它总会或多或少地存在一些不足之处。评审人员在评审时，注意不要纠缠在与评审标准无关的小问题上，这是与评审工作初衷相违背的，会挫伤质量管理小组成员的积极性。为此，在评审过程中指出的问题和不足，一定要根据评审标准，从大处着眼，抓住主要问题。

在成果评审时中，质量管理成果的主要问题归纳起来有以下三点：

（1）质量管理小组活动的全过程是否符合 PDCA 的活动程序。

质量管理小组活动应按 PDCA 程序进行，各环节紧密相扣，循序渐进，逻辑思路清晰。有的成果没有按科学的程序进行活动和总结，如原因分析没按现状调查的结果展开；对策没针对主要原因来制定；对策制定后未按对策表逐条实施；有的小组未掌握创新型成果的思路，将成果自定义为“创新型”课题，但实际却按“问题解决型”课题的程序开展活动等。这些都将影响成果的质量及交流的效果，应视作主要问题给予指正。

（2）质量管理小组活动过程各个环节是否做到以客观事实为依据，用数据“说话”，所用数据是否客观、完整、有效。

在评审中，要注意质量管理小组活动各环节是否用事实数据说话。如为什么要选这个课题，为什么要制定这个目标值，为什么要确定这几条为主要原因，效果是如何取得的等，都要有依据，并力求用数据表达，以体现其真实性、科学性，并具有说服力。如果没有依据或依据不足，要作为主要问题予以提出。

（3）质量管理小组活动过程统计方法的运用是否正确、恰当。

评审时要判断质量管理小组活动是否运用了统计方法，运用过程是否正确和恰当。比如，因果图应是一个问题做一张因果图来分析原因，而有的成果中，两个问题用一个因果图来分析，显然是属于应用不正确，应予以提出。如有的成果用关联图分析原因，但各因素之间完全不关联，没有必要使用关联图，这就属于应用统计方法不恰当，应作为主要问题予以提出。

2. 依据事实客观评审

评审人员在提出评审意见时，对存在的问题和不足，一定要站在客观的立场上提出。所谓客观，就是要依照事物的本来面目去评审，不带个人偏见。为此，对提出的每一条不足，都要有依据，如不符合质量管理小组活动程序的哪一步骤的什么要求，或是不符合评审标准中的哪一条款。这样才能避免把个人的偏见带入评审意见中。评价要尽量详尽并有针对性，指出不足，是为了帮助小组提高活动水平，要态度诚恳，用词和缓，切不可横加指责，避免挫伤小组成员的积极性。

3. 避免在专业技术上钻牛角尖

质量管理小组活动成果大致包含两方面内容，一是专业技术方面内容；二是管理技术方面内容。这就是我们常说的质量管理必须要专业技术和管理技术两个轮子一起转动的道理。

每一个质量管理小组活动成果，其专业技术各不相同，即使同是建设行业，各施工企业之间也会由于设备条件不同，施工工艺不同，作业方法和习惯不同，施工环境不同等，而存在很大差异，有的甚至关系到专业技术的机密。所以，企业内部评审质量管理小组活动成果时，应该在专业技术方面把好关；而不同的质量管理成果在管理技术方面则有较多的共性，可以交流、互相启发。因此，在评审中应重点针对其管理技术方面展开，避免在专业技术上钻牛角尖，以利于交流和互相学习。

4. 不以经济效益为评价依据

大多数质量管理小组，特别是施工现场管理人员组织起来的质量管理小组，他们在施工中面临需要解决的大都是一些小课题，取得成果后，所产生的经济效益与那些较大课题成果所产生的经济效益是无法相比的，甚至可以说是“微不足道”。但是，广泛开展质量管理小组活动，有着更深远的意义。广大职工通过参加质量管理小组活动，学到了更多的质量管理知识，掌握了科学的思维方式，增强了解决问题的能力，提高了职工的素质，培养和造就了人才，开发了人力和智力资源，实现了自身价值，激发了积极性和创造性。企业的精神文明和物质文明建设就会发生可喜的变化，这些是开展质量管理小组活动第一位的任务。

如果在评审质量管理小组活动成果时，经济效益越大打分就越高，则那些小课题，有实用价值的成果，就无法进入各级优秀质量管理小组行列，这必然会挫伤广大现场职工参加质量管理小组的积极性。为此在评审和评选质量管理小组活动成果时，不能单纯以创造经济效益的大小论高低。不仅要看经济效益，也要看社会效益，不仅要重视有形成果，也要重视无形成果。

三、评审标准

工程建设质量管理小组活动成果的评审，由成果内容审核和现场发布两部分组成。

1. 现场评审

（1）现场评审目的。质量管理小组活动开展得如何，最真实的体现是活动现场。因此，现场评审是质量管理小组活动成果评审的重要方面，目的是评价小组活动的真实性和有效性。

质量管理小组取得成果，向企业主管部门申报后，企业要组织有关人员组成评审组，深入质量管理小组活动现场，面向质量管理小组全体成员，了解小组活动过程的详细情况，以及小组成员做出的努力、克服的困难、取得的成绩。这体现了企业领导对质量管理小组活动的关心和支持。

（2）现场评审方式。对小组活动过程和效果进行全面考评，可采取看、查、听、问、考的方式进行。

看：查看实物及效果；

查：检查小组活动记录、原始资料、原始数据、效果认定等资料；

听：听取企业或项目部人员对小组活动过程及活动效果的评价；

问：询问小组成员是否参加小组活动、承担职责履行等情况；

考：对小组成员的质量管理基础知识进行书面或口头考试。

（3）现场评审内容。建设工程现场评审的时间一般安排在小组取得成果后 3 个月左右为宜。相隔时间太短，不能很好地看出效果的维持和巩固的情况；相隔时间太长，则不利于更好地调动小组成员的积极性。

现场评审时，企业主管部门要组织熟悉质量管理小组活动的有关人员组成评审组，严格按照质量管理小组活动现场评审表（表 6–1）的内容进行评审。评审组成员不少于 2 人。

表 6–1 质量管理小组活动现场评审表

序号	评审项目	评审方法	评 审 内 容	分值
1	质量管理小组的组织	查看记录	1. 小组和课题进行注册登记； 2. 小组活动时，小组成员出勤及参与各步骤活动情况； 3. 小组活动计划及完成情况	10 分
2	活动情况与活动记录	听取介绍 查看记录 现场验证	1. 活动过程按质量管理小组活动程序开展； 2. 活动记录（包括各项原始数据、统计方法等）保存完整、真实； 3. 活动记录的内容与发表资料一致	30 分
3	活动真实性与有效性	现场验证 查看记录	1. 小组课题对技术、管理、服务的改进点有改善； 2. 各项改进在专业方面科学有效； 3. 取得的经济效益，得到相关部门的认可； 4. 统计方法运用适宜、正确	30 分

续表 6–1

序号	评审项目	评审方法	评 审 内 容	分值
4	成果的维持与巩固	查看记录 现场验证	1. 小组活动课题目标达成，有验证记录； 2. 改进的有效措施或创新成果已纳入有关标准或制度； 3. 现场已按新标准或制度执行； 4. 活动成果应用于生产和服务实践	20 分
5	质量管理小组教育	提问或考试	1. 小组成员掌握质量管理小组活动程序； 2. 小组成员对方法的掌握程度和水平； 3. 通过本次活动，小组成员的专业技术、管理方法和综合素质得到提升	10 分

2. 发表评审标准

在质量管理小组活动成果发表时，为了便于学习和交流，以及评选优秀质量管理小组，还要对成果进行发表评审。

质量管理小组活动成果的发表评审标准，分为“问题解决型课题成果评审表”和“创新型课题成果评审表”两种，因问题解决型和创新型质量管理小组活动活动程序有所不同，二者的评审内容和重点有些差异，具体见表 6–2 及表 6–3。

表 6–2　问题解决型课题成果评审表

序号	评审项目	评 审 内 容	分值
1	选题	1. 所选课题与上级方针目标相结合，或是本小组现场急需解决的问题； 2. 选题理由明确，用数据说明； 3. 现状调查（自定目标课题）为设定目标和原因分析提供依据，目标可行性论证（指令性目标课题）为原因分析提供依据； 4. 目标可测量、可检查	15 分

续表 6–2

序号	评审项目	评 审 内 容	分值
2	原因分析	1. 针对问题或症结分析原因，逻辑关系清晰、紧密； 2. 每一条原因已逐层分析到末端，能直接采取对策； 3. 针对每个末端原因逐条确认，以末端原因对问题或症结的影响程度判断主要原因； 4. 判断方式为现场测量、试验和调查分析	30 分
3	对策与实施	1. 针对主要原因逐条制定对策；进行多种对策选择时，有事实和数据为依据； 2. 对策表按 5W1H 要求制定； 3. 按照对策表逐条实施，并与对策目标进行比较，确认对策效果； 4. 未达到对策目标时，有修改措施并按新的措施实施	20 分
4	效果	1. 小组设定的课题目标已完成； 2. 确定小组活动产生的经济效益和社会效益实事求是； 3. 实施的有效措施已纳入相关标准或管理制度等； 4. 小组成员的专业技术、管理方法和综合素质得到提升，并提出下一步打算	20 分
5	成果报告	1. 成果报告真实，逻辑关系正确； 2. 成果报告通俗易懂，以图表、数据为主	5 分
6	特点	1. 小组课题体现“小、实、活、新”特色； 2. 统计方法运用适宜、正确	10 分

表 6–3　创新型课题成果评审表

序号	评审项目	评 审 内 容	分值
1	选题	1. 选题来自内外部顾客及相关方的需求； 2. 广泛借鉴，启发小组创新灵感、思路和方法； 3. 设定目标与课题需求一致，目标可测量、可检查； 4. 依据借鉴的相关数据论证目标可行性	20 分

续表 6-3

序号	评审项目	评 审 内 容	分值
2	提出方案并确定最佳方案	1. 总体方案具有创新性和相对独立性，分级方案具有可比性； 2. 方案分解已逐层展开到可以实施的具体方案； 3. 用事实和数据对每个方案进行逐一评价和选择； 4. 事实和数据来源于现场测量、试验和调查分析	30 分
3	对策与实施	1. 方案分解中选定的可实施的具体方案，逐项纳入对策表； 2. 按 5W1H 要求制定对策表，对策即可实施的具体方案，目标可测量、可检查，措施可操作； 3. 按照制定的对策表逐条实施； 4. 每条对策实施后，确认相应目标的完成情况，未达到目标时有修改措施，并按新措施实施	20 分
4	效果	1. 检查课题目标的完成情况； 2. 确认小组创新成果的经济效益和社会效益实事求是； 3. 有推广应用价值的创新成果已形成相应的技术标准或管理制度；对专项或一次性的创新成果，已将创新过程相关资料整理存档； 4. 小组成员的专业技术和创新能力得到提升，并提出下一步打算	15 分
5	成果报告	1. 成果报告真实、逻辑关系正确； 2. 成果报告通俗易懂，以图表、数据为主	5 分
6	特点	1. 充分体现小组成员的创造性； 2. 创新成果具有推广应用价值； 3. 统计方法运用适宜、正确	10 分

第二节　质量管理小组活动的推进

质量管理小组活动的推进，是推进者按照活动程序及评审标准要求，组织指导所在地区和企业有效开展质量管理小组活动，并对小组活动各阶段的完成程度做出判断和评价的过程。

一、质量管理小组活动推进人员职责

质量管理小组活动推进人员是指符合相应条件，接受过质量管理小组活动方面的专业培训，掌握全面质量管理理论并通过考评和认可，具备指导质量管理小组活动和评价质量管理小组活动成果能力的人员。工程建设质量管理小组活动推进人员，须经过工程建设质量管理小组活动推进培训，并取得相应资格。质量管理小组活动推进人员的职责如下：

（1）积极开展和推进质量管理小组活动。

（2）做好质量教育培训工作。

（3）对质量管理小组活动进行指导。

（4）对质量管理小组活动成果进行评审。

二、质量管理小组活动推进人员能力要求

1. 懂 TQM 理论

推进人员应熟悉掌握全面质量管理基本理论基础，密切关注质量领域理论和实践的变化，及时吸收更新有关的知识。

2. 能指导质量管理小组活动

推进人员对质量管理小组活动的全过程进行指导帮助，包括小组的组建、按 PDCA 循环的程序开展活动、指导小组总结成果报告、巩固活动成果等。要善于发现问题，分析判断问题的严重程度和产生的根源，有针对性地提出改进措施，帮助质量管理小组提高活动水平。

3. 会评价质量管理小组活动成果

推进人员应熟悉质量管理和质量管理小组活动的理论和方法，具有较丰富的质量管理小组活动实践经验，熟悉评审标准，严格掌握评审原则，

能客观、公正、准确地对质量管理小组活动成果进行评价。

三、质量管理小组活动推进步骤

1. 确立推进标准

企业应按照“质量管理小组活动现场评审表”、“问题解决型课题成果评审表”及“创新型课题成果评审表”（表 6–1 ~ 表 6–3）要求（可根据内部运作的实际情况做适当调整，制定具体的推进标准并建立相关制度），确定本企业质量管理小组活动评判的依据。

2. 活动推进

（1）活动现场的推进。质量管理小组活动推进人员根据标准所列评审内容，深入施工现场或工作现场进行调查，查阅现场小组活动记录，查看小组活动成果中提及的施工效果和工作成果、维持与巩固等，了解其成果真实效果是否与成果报告反映的相符合。通过上述了解，对照“质量管理小组活动现场评审表”进行判断并逐条评分。

（2）成果材料的推进。在发表会前，推进人员对照“质量管理小组活动现场评审表”所列内容，对成果资料所展示的每一个环节进行判断并逐条评分。

（3）成果发表的推进。在发表会现场，推进人员对照“问题解决型课题成果评审表”及“创新型课题成果评审表”所列评审内容，对小组发表成果（包括 PPT 制作效果和上台演讲效果）进行判断并逐条评分。

3. 评价指导推进

推进人员根据小组活动情况，做出书面评价报告，评价报告以鼓励小组成员积极开展质量管理小组活动为指导思想，肯定成绩，指出不足，指导如何改进。

四、质量管理小组活动推进内容

1. 对企业开展质量管理小组活动进行推进

（1）是否做到围绕企业的经营战略、方针目标，结合管理、班组建设，有计划、有组织地开展质量管理小组活动。

（2）企业是否经常以各种形式对员工进行质量管理小组知识培训，是否以制度形式固定下来，是否建立了考核办法并贯彻执行。

（3）企业是否已培训一批从事质量管理小组活动骨干，其人数占全体职工人数的比例已达到多少，取得质量管理小组活动推进结业证书的人数有多少。

（4）企业负责推进质量管理小组管理机构是否健全，是否配备了能充分满足工作需要、热心于质量管理小组工作的管理人员，并经常深入到基层进行检查指导，协助解决小组活动中出现的各种问题。

（5）是否制定了质量管理小组活动的各项规章制度，例如，质量管理小组活动管理办法，质量管理小组活动成果的发表、评审办法，对优秀质量管理小组成果的表彰奖励等。

（6）质量管理小组的活动是否正常，小组组建、注册登记、活动记录、成果报告编写、成果发表和评审确认是否符合要求。

（7）质量管理小组活动能否与创优质工程、推广应用新技术、新工艺、新材料和消除质量通病等企业生产经营管理中的问题有机地结合起来，多渠道地调动职工的积极性，促进工作质量和工程质量的不断提高。

（8）质量管理小组活动成果是否能及时发表，对取得实效的质量管理小组和优秀成果是否进行过表彰奖励。行之有效的措施是否得到巩固，并在生产中推广应用，确实收到实效。

2. 对质量管理小组进行推进

（1）质量管理小组组长的能力。组长是否具备相应的组织能力和领导能力，是否能启发、引导质量管理小组成员，运用质量管理的理论和方法，按照质量管理小组活动的程序开展活动，并带动全组成员，不断提高技术业务素质。

（2）质量管理小组的活动氛围。质量管理小组成员是否具有较强的团队精神、工作意识，持续不断地进行活动的积极性和主动性，认真负责地按期完成任务的责任心，如期实现预定目标的决心。

（3）质量管理小组活动的自主性。质量管理小组成员是否做到自愿参加，小组自主开展活动，实行自主管理、自我教育。做到互相启发，共同提高，充分发挥小组成员的聪明才智和积极性、创造性。

（4）质量管理小组活动情况。小组和课题是否及时进行注册登记，小组成员的出勤情况；是否按照质量管理小组活动程序开展活动，讨论问题时是否充分发扬民主，各抒己见，是否有记录；是否做到群策群力分析问题，发挥小组的群体优势，提高解决问题的能力。

（5）质量管理小组活动的成效。小组成立以来，总结、发表过几个成果，课题内容是什么，发表的效果如何。质量管理小组活动成果是否已推广或应用，并确实收到了实效。是否做到开展质量管理小组活动与提合理化建议相结合，每年提合理化建议多少条，解决了哪些具体问题。

五、质量管理小组活动成果评价

质量管理小组活动成果评价，是推进人员根据评审标准对成果材料和发表效果进行评审，分析小组活动全过程后，整理概括出评审结果，继而形成简要书面评审意见的过程。成果评价的目的是总结成绩，指出不足，明确小组改进的方向，以进一步提高小组活动能力和成果质量水平。

成果评价文字资料应尽量简明扼要，并有针对性，其内容包括"总体评价"和"不足之处"两部分组成。具体如下：

1. 总体评价

总体评价即从整体上对质量管理小组活动的成果进行综合、全面的评价，要根据课题类型，结合小组活动的特点进行，具体评价内容如下：

（1）问题解决型课题总体评价内容。

1）程序应用。从整体上评价小组是否按 PDCA 程序开展活动，逻辑性和完整性如何。成果在以事实为依据，"用数据说话"方面有什么特点等。

2）方法应用。评价小组在开展活动时是否充分、恰当地应用了工具方法和统计技术，运用方法是否正确，有效性如何。通过对程序和方法应用水平的概括评价，对课题活动给出一个总体的定位。

3）推广意义。评价质量管理小组活动的效果，在哪些方面有交流、提升、推广的价值等。尤其要指明小组在活动程序上有哪些特点是可以提供给其他小组学习借鉴的；在工具运用方面有哪些独特之处，对比起其他小组在活动中容易出错的地方，本小组却做得出色。

4）目标完成情况。评价质量管理小组是否完成本次课题活动预期目标，目标值的完成程度，以总体肯定小组的活动效果。

5）改进之处。在完成本次课题成果总体评价后，应指明小组活动中需要改进的地方，为小组今后的活动指明方向。

（2）创新型课题总体评价内容。

1）课题类型，应首先明确课题为创新型课题。

2）成果的创新特点，包括课题是否立意新颖、创新特点是否明显等。

3）目标完成情况，即目标是否达到预期目的。

4）程序方法应用情况，包括成果的逻辑性、必要的试验验证、方案的逐级分解展开；以事实为依据用数据说话方面的评价；统计方法应用方面的评价。

5）有无推广意义，即成果在创新性及标准化方面对后续作业是否有学习借鉴和推广价值。

6）结论及改进之处。

2. 指出不足

（1）程序方面。

在总体评价的基础上，遵循评审原则，从活动程序运用和方法应用上，指出本次小组活动的不足之处。要实事求是，抓住重点。要具体指出每一个问题，并说明依据。针对不足，还要指出应该采取的正确做法，以便下次活动加以改进。指出不足，是为了帮助小组提高活动水平，要态度诚恳，用词和缓，切不可横加指责，避免挫伤小组成员的积极性。

1）问题解决型课题：

课题是否具体、符合“小、实、活、新”原则，选题理由是否直接充分。

活动程序是否符合 PDCA 循环程序，四个阶段是否符合逻辑，思路清晰。

现状调查是否充分掌握数据；设定目标是否量化具体；原因分析是否全面、彻底，主要原因确认是否深入现场，是否按照对问题及问题症结的影响程度进行，是否进行过现场测量、现场试验和调查分析。

对策措施是否具体，并有较强的针对性。对策表是否按“5W1H”原则制定，实施过程描述是否详尽，实施后是否对照对策目标进行效果验证。活动过程是否用数据或图表说话。

效果检查的结果是否与小组活动目标相符；是否描述了对现状的改善程度；巩固措施是否形成了制度或标准；是否进行了全面的总结，并明确了下一步打算。

成果报告的编写是否做到逻辑性强，简明扼要，重点突出；是否做到以活动记录为基础；是否严格按活动程序进行总结；是否做到标准化、数据化、图表化。

发表评价。发表资料是否通俗易懂，以图表、数据为主；发表过程是否口齿清晰，仪态大方，不紧张、不做作，回答问题有礼貌。

工具运用是否正确、恰当和适用。

2）创新型课题：

是否按创新型课题程序开展活动，是否按程序环环相扣。

选题是否研发新产品、新工艺、新技术、新方案、新材料、新软件、新服务等，是否明确需求、查询借鉴。

目标是否针对需求设定，是否依据借鉴的数据、课题难易度、小组拥有的资源等进行可行性论证。

是否依据借鉴的事物提出方案，总体方案是否具有创新性和独立性，分级方案是否具有可比性，最佳方案确定后是否逐层展开到可以实施的具体方案；最佳方案的选择和分级方案的选择是否以试验、测量测试等结果为基础。

是否针对最佳方案分解中确定的可实施的具体方案，逐项制定对策；对策表表头是否正确，目标量化，措施具体可操作。

实施过程是否按对策表逐条进行，每项对策实施后能否收集数据检查效果；目标是否实现，有推广价值的创新成果是否进行标准化等。

成果报告的编写是否做到逻辑性强，简明扼要，重点突出；是否做到以活动记录为基础；是否严格按活动程序进行总结；是否做到标准化、数据化、图表化。

（2）方法方面。

主要描述成果在统计方法应用方面存在的缺陷及不足，统计方法应用是否正确适宜，制图是否规范等。

第七章　统计方法概述

第一节　统计方法基本概念

一、产品质量波动

产品质量具有波动性和规律性。在生产过程中，即使操作者、机具、原材料、加工方法、测试手段、生产环境等条件相同，生产出的一批产品的质量特性数据也不会完全相同，总存在有一定的差异，这就是产品质量的波动性。产品质量波动具有普遍性。当生产过程处于统计控制状态时，生产出的产品质量特性数据，其波动服从一定的分布规律，这就是产品质量的规律性。

从统计学的角度看，可以把产品质量波动分成正常波动和异常波动两类。

1. 正常波动

正常波动是由随机原因引起的质量波动。这些随机因素在生产过程中大量存在，对产品的质量经常产生影响，但它所造成的质量特性值的波动往往较小。如原材料的性能和成分的微小差异，机具的轻微振动，环境温度、湿度的微小差异，操作方法、测量方法、检测仪器的微小差异等。要消除这些波动的随机因素，在技术上较难达到，在经济上的代价也较大。因此，一般情况下这些质量波动在生产过程中是允许存在的，故称为正常波动。公差就是承认这种波动的产物。把仅有正常波动的生产过程称为处于统计控制状态，简称为控制状态或稳定状态。

2. 异常波动

异常波动是由系统原因引起的产品质量波动。这些系统因素在生产过程中并不大量存在，对产品质量的影响也不是经常发生，但一旦存在，它对产品质量的影响就比较明显。比如，原材料的质量不符合规定要求，机具超载或带病运转，操作者违反操作规程，测量工具带有系统性误差等。由于这些原因引起的产品质量波动大小和作用方向一般具有一定的倾向性或周期性，所以比较容易查明，可以预防和消除。异常波动对质量特性值的影响较大，在生产过程中一般是不允许存在的。把有异常波动的生产过程称为处于非统计控制状态，简称不稳定状态或失控状态。

质量管理的一项重要工作就是要找出产品质量波动规律，消除系统原因引起的异常波动，并把正常波动控制在合理范围内。

从微观角度看，引起产品质量波动的原因主要来自 6 个方面：

人员（Man）：操作者的质量意识、责任意识、技术水平、文化素养、熟练程度、身体素质等。

机器（Machine）：机器设备、工具的精度、完好率、利用率及维护保养状况等。

材料（Material）：材料的化学成分、物理性能、外观质量等。

方法（Method）：施工方案、操作规程、作业指导书的正确程度等。

环境（Enviroment）：工作场所的温度、湿度、粉尘、噪声、照明、震动等。

测量（Measure）：测量设备、试验手段和测试方法等。

通常把上述因素称为引起产品质量波动的 6 大因素，简称“5M1E”因素。

二、两类错误和风险

假设有一批数量很大的成品，其质量状况不清楚，现在随机抽取其中的一个样本，通过检测，研究此样本的质量状况，以此来推测判断整批成品的质量好坏，然后做出接受或拒收决定。上述做法可能出现以下四种情况：

（1）假定这批成品的质量是好的，通过详细研究其中的一个样本，发现此样本的质量是好的，于是就推断这批成品质量好，决定将其接收。

（2）假定这批成品的质量是好的，通过详细研究其中的一个样本，发现此样本的质量是坏的，于是就推断这批成品质量坏，决定将其拒收。

（3）假定这批成品的质量是坏的，通过详细研究其中的一个样本，发现此样本的质量是坏的，于是就推断这批成品质量坏，决定将其拒收。

（4）假定这批成品的质量是坏的，通过详细研究其中的一个样本，发现此样本的质量是好的，于是就推断这批成品质量好，决定将其接收。

上述四种情况中，第 1、3 两种情况的推断是正确的，因为它符合客观实际情况；第 2、4 两种情况的推断是错误的，因为它不符合客观实际情况。

对于第 2 种情况，我们犯了把质量好的一批成品当作质量坏的一批成品去看待、处理的错误，这类错误在统计方法中叫第Ⅰ类错误，称为“弃真”错误。犯这类错误的概率值一般以符号 α 表示。犯判断错误就要承担风险、承担经济损失，所以 α 又叫第Ⅰ类错误的风险率。

对于第 4 种情况，我们犯了把质量坏的一批成品当作质量好的一批成品去看待、处理的错误，这类错误在统计方法中叫第Ⅱ类错误，称为“取伪”错误。犯这类错误的概率值一般以符号 β 表示。同样，犯这类错误也要承担风险、承担经济损失，所以 β 又叫第Ⅱ类错误的风险率。例如，在某桥梁施工中，某批商品混凝土质量不合格，但由于取样或试验或其他问题，发现样本的质量是符合要求的，因此推断这批混凝土的质量是合格的。随即灌注某号桥墩，重载试验时该桥墩发生倾斜和裂缝，项目部只能将该桥墩炸掉，重新施工，既带来安全质量风险，也带来一定的经济损失。

我们希望犯错误的概率都尽可能小，但在一定的条件下，风险率 α 和风险率 β 是一对矛盾，减少 α 会引起 β 增大，减小 β 会引起 α 增大，即此长彼消或此消彼长。但是，运用统计方法可以把这两者的总风险率和总损失控制在期望的范围内。

三、统计数据及其分类

施工生产中的统计数据很多，如人数、产值、偏差、强度、压力、温度、时间、耗电量、用水量、平整度、垂直度、合格品数、合格品率等。这些统计数据，有的可以测量出来，有的能数出来，有的是由两个或几个数据计算得到的。从统计角度看，一般把统计数据归纳成两大类，即计量数据和计数数据。

1. 计量数据

凡是可以连续取值，或者说可以用测量工具具体测量出小数点以下数值的数据，就叫计量数据。如长度（宽度）、体积（容积）、质量（重量）、化学成分、温度、湿度、偏差等。以长度为例，在 2 ~ 3mm 之间，可连续测出 2.1、2.2、2.3 等数值，而在 2.2 ~ 2.3mm 之间，可进一步测出 2.21、2.22、2.23 等数值。

2. 计数数据

凡是不能连续取值，或者说即使使用测量工具也得不到小数点以下的数据，而只能得到 0 或 1，2 等自然数的数据，就叫计数数据。如不合格品数、缺陷数等。以不合格品数为例，测量时只能得到 1 件，2 件，3 件……计数数据还可细分为计件数据和计点数据。计件数据是指按件计数的数据，如不合格品数、质量检验项目数等。计点数据是指按缺陷点（项）计数的数据。

应当指出，当数据以百分率表示时，它是计量数据还是计数数据的判断，取决于数据计算公式中分子的数据类型，当分子是计量数据时，求出的百分率数据为计量数据；当分子是计数数据时，即使求出的百分率不是整数，也应属于计数数据。例如，生产加工的 1000 个扣件中，有 12 个为不合格品，则不合格品率为：

$$\frac{12\text{ 个}}{1000\text{ 个}} \times 100\% = 1.2\%$$

单从数据 1.2% 来看，它虽有小数点以下数值，但由于分子 12 是计数数据，所以扣件的不合格品率 1.2% 应为计数数据。

四、总体与样本

为了掌握一批产品的质量信息，通常不会检查整批产品。同样，在大部分情况下，为了解某道工序的产品质量，不可能把该工序所生产的全部产品一一测试，而只能从中抽取一定数量的样品加以测试，从样品的测试结果来推断这批产品的质量。

1. 总体

总体，又叫母体，它是指在某一次统计分析中要研究对象的全体。总体是提供统计数据的大本营，是源源不断地供给数据的原始数据库。如为研究一批产品质量的好坏，被研究的“这批产品”就是总体。总体可以是无限的，也可以是有限的。例如，加工一批 20 万件支架，尽管它的数量相当大，但总是可以得出具体数据，因此可以说被研究的这批 20 万件支架是有限总体。然而，对于生产这批支架的工厂或某个生产过程或某道生产工序来说，过去、现在都生产这种支架，将来可能继续生产，这样它的数量就不能得到具体的数据，因此，可将这个工厂、某个生产过程或某道生产工序的从前、现在和将来的全部产品视为无限总体。组成总体的每个单元（产品）叫作个体。总体中所含的个体数叫总体含量（总体大小），通常用符号 N 表示。

2. 样本

样本，也叫子样，它是从总体中随机抽取出来并要对其进行详细研究的一部分个体（产品）。样本中所含的样品数量，一般叫样本大小或样本容量，通常用符号 n 表示。

例如，某项目采购同规格、同炉号 120t 钢筋，为检验该批钢筋的质量，随机抽取 4 根进行试验，则这 120t 钢筋就是总体，即 N=120t，抽取的 4 根钢筋就是样本，即 n=4 根。

五、随机抽样

1. 随机抽样的概念

抽样，就是从总体中随机抽取出样品而组成样本的活动过程。

随机抽样，就是要使总体中的每一个个体（产品）都有同等的机会被抽取出来，而组成样本的活动过程。

抽取样本不是以获得样本的信息为目的，而是要达到研究总体状况目的的一种手段。在质量管理活动过程中，常采用这种研究局部去推断全局、研究样本去估计和预测总体的方法，从而达到保证产品质量和提高产品质量的目的。由于样本的局限性、样品的特性，运用样本来估计、推断总体肯定会有误差和判断错误，但可以根据研究的目的要求使错误尽量减少。

在质量管理过程中，根据研究的目的不同，采取的方法也不尽相同，研究的对象也不同。如果收集数据的目的是对一批产品进行质量评价和验收，判定这批产品的质量是否合格，产品质量达到什么样的水平，是否应该接收，那么就应以这批产品为研究对象，从中随机抽取一部分产品作为样本进行测试，把得到的质量数据与规定的质量判定标准进行比较，从而判定这批产品的质量状况。例如，为检验水泥质量是否合格，一般同强度、同种类水泥 200t，随机抽取 10 包水泥，从每包中取约 1kg，共 10kg 混合搅拌均匀后进行检验。如果这 10kg 水泥质量达到标准要求，就可以判定这批水泥是合格的。

2. 随机抽样方法

（1）简单随机抽样法。

简单随机抽样法，也叫单纯随机抽样法，是对总体不做任何处理，不进行分类也不搞排队，而是从总体的全部个体中随机抽选样品，使总体中的每个个体被抽取出来的机会完全相同的方法。

要实现抽样的随机化，可以采用直接抽选法、抽签法或查随机数码表等方法。

1）直接抽取法。从调查对象中直接抽选样本。

2）抽签法。先给每个个体编号，并将号码写在纸片上，掺和均匀后从中抽选，直到抽够预先规定的数量为止。例如，要从 100 块空心砖中随机抽取 10 块组成样本，可把这 100 块空心砖从 1 开始编号一直到 100，然后用抽签的方法，任意抽出 10 个号码，假如抽出的编号分别为 3、10、

14、20、31、47、56、73、82、98，就把编号为这10个号码的空心砖拿出来组成样本用以分析。

3）随机数码表，也叫随机数表或乱码表。第一张随机数码表是由铁皮特在1927年给出的，是由0到9这十个数字随机排列成的表格，表内数字相互独立，全部数字无论从横行、纵行或斜向等各种顺序均呈随机状态，表中每个位置上出现各个数字的概率都是相等的，统计工作者常用计算机生成随机数码表。使用时可从任何一个数字开始，按任意一个顺序录用。采用随机数码表时，注意在查表中当遇到已抽过的号码时，可以跳过去，直接抽后面的号码即可。

使用随机数码表时，先将总体中的所有个体加以编号，然后查取随机数码表中要抽取的编号，按号码抽取样本。这种方法可免除做签和掺匀的工作，因而较简单。例如，要从100块空心砖中随机抽取10块组成样本，可把这100块空心砖从1开始编号一直到100，然后随机选取任意1个数，查随机数码表，即可获得10个随机号码组成样本。假如选取的数为6，查表可得93、22、53、64、39、07、10、63、76、35，就把编号为这10个号码的空心砖拿出来组成样本用以分析。

除上述方法以外，还可以采用抓阄、掷随机数骰子等方法。

简单随机抽样法方法简单，主要用于：对调查对象了解较少；总体中个体的排列没有秩序；抽到的样品较分散时对研究工作没有影响或影响较小。这种方法的优点是抽样误差小，缺点是抽样手续比较繁杂，尤其是总体中产品数目较大时。在实际工作中，要真正做到总体中的每个个体被抽到的机会完全一样是比较困难的，这往往是由各种客观条件和主观心理等因素综合影响的结果。

（2）系统抽样法。

系统抽样法，也叫等距抽样法或机械抽样法，是对研究的总体按一定顺序排列，每隔一定的间隔抽取一个或若干个样品，组成样本进行检测的方法。例如，从100根焊条中抽出10根组成样本，首先，将100根焊条按 1，2，3，…，100 的顺序编号；其次，采用抽签（或查随机数码表）的方法确定在 1 ~ 10 号中抽取哪一根焊条进入样本（假定抽签决定为 5 号），并将此编号的焊条抽出；最后，其他焊条按每 10 个为一段的方法，抽取第五个进入样本，即其他进入样本的产品编号分别为：15 号、25 号、35 号、45 号、55 号、65 号、75 号、85 号、95 号；最后，就由编号为 5 号、15 号、25 号、35 号、45 号、55 号、65 号、75 号、85 号、95 号的 10 根焊条组成样本。

系统抽样法操作简便，实施起来也不易出差错，因而在生产实际中经常使用。例如，在空心砖生产流水线上，每隔一定时间就抽取一块砖进行检测，这就是系统抽样的一个实例。在实际中有随机起点等距抽样、半距起点等距抽样和对称等距抽样等方法。

由于系统抽样法的抽样起点一旦确定后，后续样本按每隔一定的距离抽取，即整个样本的组成就完全确定了，因此这种抽取方法容易出现大的偏差。例如，对砖厂生产的空心砖进行检测，如果流水线设备出现了问题，正好每隔 20min（周期性）产生一块不合格砖，而检验人员又正好每隔 20min 抽取一块砖进行检查，抽样的时间恰好碰到不合格的砖，这样的结果是以后抽查的砖都不合格，从而会对整批砖甚至整个工序的质量得出错误的结论。由此可见，当总体含有周期性的变化，而抽样的间隔又与这个周期相吻合时，采用系统抽样法得到的样本就会出现严重的偏差，不能准确地反映总体的状况。因此，在总体会发生周期性变化的场合，不宜采用系统抽样法。

（3）分层抽样法。

分层抽样法，也叫类型抽样法，是从一个可分成不同于总体的总体（或称层）中，按规定的比例从不同层中随机抽取样品（个体）的方法。例如，甲、乙、丙三人用同一台机具采用倒班的方式生产同一种产品，并把他们加工的产品分别堆放在三个地方，现在要对他们加工的产品进行检测，要求抽取其中 15 件产品组成样本，如采用分层抽样法，就应从三个堆放产品的地方分别随机抽取 5 件产品，合起来共 15 件产品组成样本加以检测。这种方法的优点是样本的代表性比较好，抽样误差较小；缺点是抽样的手续比简单抽样法还繁杂。这种抽样方法通常用于产品的质量验收工作。

（4）整群抽样法。

整群抽样法，也叫集团抽样法，是将总体分成许多群，每个群由个体按一定的方式结合而成，然后随机抽取若干群，并由这些群中的所有个体组成样本进行检测的方法。在质量管理活动中有时为了实施方便，通常以群体（工厂、公司、项目、班组、工序或一段时间内施工的项目等）为单位进行抽样，凡是抽到的群体要全面进行检查，仔细研究。比如，对某种产品每隔 10h 就抽取其中 1h 内生产的产品组成样本，或每隔一定时间（如 0.5h、1h、8h 等）一次抽取若干个（几个、十几个或几十个等）产品组成样本。这种抽样方法的优点是抽样实施方便、节约费用。缺点是由于样本只来自个别几个群体，而不能均匀地分布在总体中，因而其代表性较差，抽样误差大。这种抽样方法一般常用在工序控制中。

六、统计特征数

统计特征数是对样本来说的。统计方法中常用的统计特征数可分为两类：一类用于表示统计数据的集中位置，如样本平均值、样本中位数等；另一类用于表示数据的离散程度，如样本极差、样本标准偏差等。

1. 样本平均值

样本平均值是表示数据集中位置的各特征数中最基本的一种，通常用符号 $\bar{x}$ 来表示，其计算公式为：

$$\bar{x} = \frac{1}{n}\sum_{i=1}^{n} x_i$$

式中：$\bar{x}$——样本的算术平均值；

x_i——第 i 个样品的统计数据值；

n——样本大小。

例如，有 2，4，6，8，10 五个统计数据，则其平均值为：

$$\bar{x}=\frac{2+4+6+8+10}{5}=6$$

2. 样本中位数

把收集到的统计数据 x_1，x_2，…，x_n 进行整理，按照从小到大（或从大到小）的顺序重新排列，排在正中间的那个数就叫中位数，用符号 $\tilde{x}$ 来表示。

当 n 为奇数时，正中间的数只有一个，此数即是这批统计数据的中位数；当 n 为偶数时，中间位置处将有两个数，中位数就是正中两个数的算术平均值。

例如，有 7 个统计数据分别为 1.7、1.2、1.5、1.3、1.4、1.1、1.6，则中位数：

$$\tilde{x}=1.4$$

又如，有 1.0、1.3、1.2、1.5、1.4、1.6 六个统计数据，则中位数：

$$\tilde{x}=\frac{1.3+1.4}{2}=1.35$$

中位数也是表示统计数据集中位置的一个特征数，和样本平均值相比，它所表示的数据集中位置要粗略，但可以减少计算的工作量。

3. 样本方差

样本方差是衡量统计数据离散程度的一种特征数，在方差分析中常用到，其计算公式为：

$$s^2=\frac{1}{n-1}\sum_{i=1}^{n}(x_i-\bar{x})^2$$

式中：s^2——样本方差；

$x_i-\bar{x}$——某一统计数据与样本平均值之间的偏差；

n——统计数据的个数，即样本大小。

例如，有 2、3、4、5、6、7、8、9、10 九个统计数据，其样本平均值为：

$$\bar{x} = \frac{2+3+4+5+6+7+8+9+10}{9} = 6$$

则样本方差为：

$$s^2 = \frac{1}{n-1}\sum_{i=1}^{n}(x_i - \bar{x})^2$$

$$= \frac{1}{8}\ (16+9+4+1+0+1+4+9+16) = 7.5$$

4. 样本标准偏差

国际标准化组织规定，把样本方差的正平方根作为样本的标准偏差，用符号 s 来表示，其计算公式为：

$$s = \sqrt{\frac{1}{n-1}\sum_{i=1}^{n}\ (x_i - \bar{x})^2}$$

以上面九个统计数据求样本方差的例子，则其标准偏差为：

$$s = \sqrt{7.5} = 2.74$$

通过上述例子可以看到，$x_i - \bar{x}$表示第 i 个数据与样本平均值的偏差，如果将这些偏差值简单相加，结果和为零，因而无法表示数据的离散程度。因此一般都用偏差的平方和来衡量，并用 $n-1$ 作为除数，以使计算结果更精确。这是因为偏差$x_i - \bar{x}$是用算术平均值计算出来的，应用最小二乘法原理，很容易推导出上述计算公式。

5. 样本极差

样本极差是一组统计数据中的最大值与最小值之差，通常用符号 R 来表示，其计算公式为：

$$R = x_{\max} - x_{\min}$$

式中：$x_{\max}$——一组统计数据中的最大值；

$x_{\min}$——一组统计数据中的最小值。

样本极差是表示统计数据离散程度的各种特征数中计算最简单的一种，但是由于只采用了一组统计数据中的最大值和最小值（即两头的数据），并没有充分利用全部数据提供的信息，因此用样本极差来反映研究的实际情况，准确性较差。例如，2、3、5、7、9 与 2、6、7、8、9 这两组数据，它们的极差是相同的 $R=9-2=7$，但是这两组数据的分布情况却不相同，各自反映出的问题完全不同。

第二节　统计方法分类、性质及用途

“统计”（Statistics）一词是由“国家”（State）一词演化而来的，意思是指收集和整理国情资料、信息的一种活动。统计方法是指有关收集、整理、分析和解释统计数据，并对其所反映的问题做出一定结论的方法。

在科学技术和管理技术高速发展的今天，统计方法得到了日益广泛和深入的应用，在人类认识和改造世界的过程中起到了重大的作用。日本在第二次世界大战后的经济恢复和发展中，统计方法所起的作用已引起世界各国的瞩目。美国著名的质量管理专家费根鲍姆指出，在全面质量管理中，“无论何时、何处都会用到数理统计方法”“这些统计方法所表达的观点对于全面质量管理的整个领域都有深刻的影响”。日本著名的质量管理专家石川馨把引入统计方法的质量管理称为新的质量管理。

在质量管理和质量管理小组活动中，要收集、整理和分析大量的数据，运用概率论和数理统计方法，从中找出规律、发现问题，从而产生了排列图、分层法、因果分析图等图表。而后，随着运筹学、系统工程等现代管理技术引入质量管理，又产生了系统图、关联图、矩阵图等图表，这些图表和分析方法逐渐成为质量管理和质量管理小组活动的重要方法和基本工具。因此，开展质量管理小组活动，必须掌握和运用这些行之有效的统计方法。

一、统计方法及其分类

统计方法一般分为描述性统计方法和推断性统计方法两类。

1. 描述性统计方法

描述性统计方法是对统计数据进行整理和描述的方法。如某施工企业对设备管理情况进行统计，要统计自有设备数量、外协设备数量、租赁设备数量、设备完好率、利用率等情况，就是描述性统计方法的例子。描述性统计方法常用曲线、表格、图形等形式反映数据和描述观测结果，以使数据或观测结果更直观、更加容易理解。如表 7–1 是某项目编制的 20 根钢管壁厚和椭圆度统计表，为描述性统计方法。

表 7–1　钢管壁厚和椭圆度统计表

检查项目	允许偏差 /mm	实测值 /mm									
壁厚	± 0.4	–0.3	0.5	–0.2	0.3	–0.4	0.1	0.2	–0.2	–0.3	–0.2
		–0.1	0	0.3	0.2	–0.3	–0.2	0.4	–0.2	0.1	0.3
椭圆度	4	3	2.5	3	1	0	3.5	3.5	3	2.5	2
		1.5	2	3.5	3	3.5	4	1.5	1	2	2.5

2. 推断性统计方法

推断性统计方法是在对统计数据描述的基础上，进一步对其所反映的问题进行分析、解释和做出判断性结论的方法。如项目部试验室通过抽取某品牌、某型号、某炉号钢筋进行试验，试验结果合格，试验室由此推断该品牌、该型号、该批钢筋全部合格，就是针对抽样数据进行分析，做出判断性结论的方法。

二、统计方法的性质

1. 描述性

利用统计方法对统计数据进行整理和描述，以便展示出统计数据所反映事件或事物的规律，这就是统计方法的描述性。在定量描述中，统计数据可用数量值加以度量，如平均数、中位数、极差和标准偏差等；也可用统计图表予以直观表述，如折线图、直方图和频数曲线等。

2. 推断性

统计方法都要通过详细研究样本来达到了解、推测总体状况的目的，因此它具有由局部推断整体的性质。例如，某企业通过统计 5 个项目的盈利水平，估计全部项目盈利水平，就反映了统计方法的推断性。

3. 风险性

统计方法既然是用部分去推断全体，那么这种由推断而得出的结论就不会是百分之百的正确，即可能有错误。有错误就要担风险。因此，正确地使用统计方法显得很重要，只有这样才可以最大限度地减少带来的风险，并对错误的可能性和风险大小做出有效的估计。例如，混凝土强度，如果试块取样不当，即使试验数据显示试块的强度达到要求，但是实体混凝土强度也可能未必满足要求。

三、统计方法的用途

在质量管理活动过程中，统计方法一般有以下用途：

1. 提供表示事物特征的数据

在质量管理活动过程中收集到的数据，大都表现为杂乱无章，这就要运用统计方法计算其特征值，以反映出事物的规律性，给管理者提供必要的决策依据，如平均值、中位数、方差、极差、标准偏差等。

2. 比较事物的差异

在质量管理活动中，实施质量改进或应用新材料、新工艺、新方法，均需要用数理统计，并判断所取得的结果同改进前的状态有无显著差异，这就要用到假设检验、显著性检验、方差分析和水平对比法等。

3. 分析影响事物变化的因素

在质量管理活动中，为对症下药，并有效解决质量问题，可以应用各种统计方法，分析影响事物变化的各种原因，找出主要因素加以解决。如采用调查表、因果图、散布图、分层法、方差分析、树图（系统图）等分析方法。

4. 分析事物之间的相关关系

在质量管理活动过程中，常常遇到两个或两个以上的变量之间虽然没有确定的函数关系，但存在着一定的相关关系。运用统计方法确定这种关系的性质和程度，对于质量管理活动的有效性就显得十分重要，可采用散布图、试验设计法等。

5. 研究取样和试验方法，确定合理的试验方案

用于这方面的统计方法有抽样方法、抽样检验、试验设计、可靠性试验等。

6. 描述质量形成过程

用于这方面的统计方法有流程图、控制图等。

7. 发现质量问题，分析和掌握质量数据的分布状况和动态变化

可采用的统计方法有排列图、直方图、散布图、控制图等。

统计方法在质量管理活动中起到的是归纳、发现和分析问题，显示事物客观规律的作用，而不是解决具体质量问题。因此，统计方法在质量管理中的作用在于运用这些方法，探索质量的症结所在，分析产生质量问题的原因，但要具体解决质量问题和提高产品的质量，还需要依靠专业技术和组织管理措施。

通过统计方法的学习，我们应认识到，在质量管理活动的现场，随时都要同变量、波动和风险打交道，因此，必须形成利用调查、分析、判断等统计方法去考虑问题，并正确地利用各种统计方法找出原因，以便更好地改进和解决问题的习惯。

第三节　统计方法使用要求

一、统计方法简介

统计方法是指统计技术中的具体方法。在质量管理活动中，常需要采用基于现代管理原理和数理统计原理而形成的统计方法对数据进行整理、归纳、筛选、计算、分析，从而帮助人们做出正确判断。日本质量管理专家从20世纪60年代起，在质量改进过程中，总结了一套实用的统计方法，根据这些统计方法出现的早晚，归纳为“老七种”方法和“新七种”方法。

“老七种”方法包括：分层法、调查表、排列图、因果图、散布图、直方图、控制图，其特点是强调用数据说话，重视过程控制。

“新七种”方法包括：关联图、系统图、亲和图、矩阵图、矩阵数据分析法、PDPC法、矢线图，其特点是侧重定性分析，运用运筹帷幄（非数据）的方法，关注的是PDCA循环中P阶段的分析。

其他常用统计方法包括：头脑风暴法、水平对比法、正交试验设计法、过程能力、流程图、回归分析法、简易图表等。

国际著名质量管理与工程大师提出的一些著名论断及人们在长期日常质量实践中总结的简单易用的统计方法，共同构成质量管理统计方法。

二、统计方法使用要求及注意事项

1. 统计方法运用具体要求

（1）正确：该用什么统计方法用什么统计方法，不错用。

（2）适宜：在可用的若干统计方法中选择简单、容易的，不追求高、难、复杂的方法。

2. 统计方法运用注意事项

（1）明确使用统计方法是分析问题和改进质量的手段，而不是目的，这样才能在活动的各个阶段选择适宜的统计方法。

（2）统计方法运用不是越难、越深就越好，关键在于用得对、用得恰当，简单的统计方法不代表水平低。

（3）学习永无止境，要不断学习和掌握更多的方法，这样自然就有利于解决更多的质量问题。

三、质量管理小组活动常用统计方法

在质量管理小组活动的各个阶段到底使用哪种工具更为适宜呢？中国质量协会发布的《质量管理小组活动准则》T/CAQ 10201-2020给出了统计方法在质量管理小组活动中的应用表，见表7-2，供小组成员参考。

表 7–2　质量管理小组活动常用统计方法汇总表

序号	活动程序	分层法	调查表	排列图	头脑风暴法	亲和图	因果图	树图	关联图	水平对比法	流程图	PDPC法	简易图表	直方图	散布图	控制图	优选法	正交试验设计法	矩阵图	箭条图
1	选择课题	●	●	●	○	○				○	○		●		○	○			○	
2	现状调查（自定目标课题）	●	●	●						○	○		●	○	○	○				
3	设定目标		○							●			●							
4	目标可行性论证（指令性目标课题）	●	●	●						○	○		●	○	○	○				
5	原因分析				○		●	●	●											
6	确定主要原因		○										●	○	●					
7 8	制定对策 对策实施	○			○	○		○			○	○	○	○			○	○	○	○
9	效果检查	●	○	●						○			●	○		○				
10	制定巩固措施		○								○		●			○				
11	总结和下一步打算	○	○							○			●							

注：1. ● 表示经常用，○表示可用。

2. 简易图表包括折线图、柱状图、饼分图、甘特图、雷达图。

第八章　常用统计方法

第一节　调查表、分层法与排列图

一、调查表

1. 调查表的概念

调查表（data collection form），又叫检查表、核对表、统计分析表，是一种系统地收集信息和积累数据，确认事实并对数据进行整理和粗略分析的统计图表。能够促使我们按照统一的方式收集信息，进行分析，在质量管理与质量管理小组活动中应用十分广泛。

2. 调查表的应用步骤

在质量管理小组活动中使用调查表的步骤如下：

（1）根据小组活动的目标，确定收集资料的目的；

（2）根据收集资料的目的，确定收集资料的种类和范围；

（3）确定对资料的分析方法（如运用哪种统计方法）和责任人；

（4）根据不同目的，设计调查表格式，其内容包括调查者、调查时间、地点、方式、项目等；

（5）对收集和记录的部分资料进行预先检查，检查调查表格式设计的合理性；

（6）如有需要，对调查表进行评审，如发现调查表使用不当，或不能反映质量问题的实质，则应重新设计调查表，进行进一步的调查。

3. 常用调查表的格式

调查表的格式多种多样，可根据调查目的和问题的实质，灵活设计和使用。常用的调查表有不合格品项目调查表、质量分布调查表和矩阵调查表等。

（1）不合格品项目调查表。

不合格品项目调查表主要用来调查和记录生产现场不合格品项目

频数，根据调查的结果统计分析不合格品率，编制频数分布表和排列图。

一般来讲，调查表是小组活动时在现场使用的，而频数分布表则是小组在分析和整理调查数据时使用的。

表 8–1 是某质量管理小组针对冲孔灌注桩成孔质量问题编制的调查表。从表中可以看出，冲孔灌注桩成孔存在孔位偏移、孔径偏差、垂直度超标、孔底沉渣超厚、孔底标高超差等一系列质量缺陷。

表 8–1　冲孔灌注桩成孔质量问题调查表

序号	质量问题	1#	2#	3#	4#	5#	6#	7#	8#	共计
1	孔位偏移	0	1	0	0	1	0	0	1	3
2	孔径偏差	2	2	3	1	2	2	3	2	17
3	垂直度超标	1	0	1	1	0	1	0	0	4
4	孔底沉渣超厚	1	1	1	0	1	1	0	1	6
5	孔底标高超差	3	5	4	6	4	5	4	5	36
6	其他	1	2	0	1	1	0	1	1	7
所有抽检频数合计：10×6×8 = 480 点										73
合格率 84.8%										

制表人：×××　　　　制表时间：××××年××月××日

（2）质量分布调查表。

质量分布调查表是对计量数据进行现场调查的有效工具。一般根据以往的资料，将某一质量特性的数据分布范围分成若干区间而制成表格，用于记录和统计数据落在某一区间的频数。

表 8–2 是某质量管理小组实测的墙面垂直度偏差分布调查表。从表格的形式看，质量分布调查表与直方图的频数分布表相似。所不同的是，质量分布调查表是首先根据以往资料划分区间范围，然后制成表格，以供现

场调查记录数据；而频数分布表则是首先收集数据，再适当划分区间，然后制成图表，供分析现场质量分布状况之用。

表 8–2　墙面垂直度偏差分布调查表

频数	1	4	10	18	31	25	14	5	1	0
					一					
					正					
					正	一				
				止	正	正				
				正	正	正	止			
			正	正	正	正	正	一		
	一	止	正	正	正	正	正	正	一	

0.1　0.2　0.3　0.4　0.5　0.6　0.7　0.8　0.9　1.0（cm）

调查者：×××　　地点：××项目　　制表时间：××××年××月××日

（3）矩阵调查表。

矩阵调查表是一种多因素调查表。它要求把产生问题的对应因素分别排成行和列，在其交叉点上标出调查到的各种缺陷、问题和数量。表 8–3 是某质量管理小组在解决混凝土灌注桩成孔质量时的矩阵调查表，利用此表可以分析 2 台钻机、4 个工人在一段时间内的质量问题及各种影响因素。

从表 8–3 中可以看出：垂直度超标和沉渣厚度不匀主要由 2# 钻机产生，尤其该机的白班工人产生的此类缺陷最多。要解决此类问题，必须从 2# 钻机及其白班工人入手；孔深不足和孔径不匀主要由 1# 钻机产生，白班产生的孔深不足较多，夜班产生的孔径不匀较多，由此可以看出此类质量问题的突破口。此外，3 月 10 日产生的质量问题最多，可以考虑气候、节日等方面的影响。

从表 8–3 上可以分析出很多的问题，由此可以看出，矩阵调查表在质量管理小组活动中所起到的重要作用。

表 8–3　混凝土灌注桩成孔质量矩阵调查表

钻机	3 月 8 日		3 月 9 日		3 月 10 日		3 月 11 日		3 月 12 日	
	白班	夜班	白班	夜班	白班	夜班	白班	夜班	白班	夜班
1 号	×○ ○□	×× ×○ ●	○○ ○△ △	×× ○● □	×× ○○ ○○ △△	×× ×× ×× ○	×○ ○□ △	×× ●○	○○ ○△ △	×× ○○ □
2 号	□□ □× ●● △	□× △○	□□ □△ ●●	□× ○	□□ □□ ×● ●● △	□□ □□ □× ×	□□ □● ●	△○	□□ ○● ●●	×○
调查者：××× 地点：×× 工地 ×××× 年 ×× 月 ×× 日					× 孔径不匀 ○孔深不足 ●垂直度超标 △桩位偏移 □沉渣厚度不匀					

制表人：×××　　　　制表时间：×××× 年 ×× 月 ×× 日

4. 调查表的应用注意事项

调查表在应用中常见的错误，主要是调查表设计不当和记录数据上的差错，这是由于设计调查表时未能正确地分层或分层项目的概念混淆，使分类数据混杂，而无法进行归类分析。因此设计及使用调查表要注意以下事项：

（1）明确制表目的。使用调查表，首先必须明确目的，即干什么用。不同的目的，调查的内容和项目自然不同。因此，应根据使用目的设计调查表。

（2）调查表的设计及记录方法应简单。调查表的实际记录者一般是基层员工，如果形式太复杂可能会增加记录者的工作量，使其产生抵触情绪，从而可能会造成伪数据、假数据的增加。因此，设计调查表应尽可能简洁，并用最简单的记号或文字完成。

（3）收集的数据应及时处理。凡是数据都有一定的时效性，也就是说，调查表的数据是在一定的条件下收集的，这些条件随着时间的推移可能会有所变化，所以当数据收集完成后，必须及时处理，才能保证反馈信息的有效性，进而反映问题的真实情况。

（4）检查数据是否有异常。需要观察数据是否有周期性，是否有超出规范的数值，是否有突变的数据。如果有异常的话，应当立即分析原因并采取相应的改进对策。

（5）持续记录数据。在改进过程中，应持续记录同样的数据，并随时观察数据的变化，看改进是否有效果，如果没有效果或效果不明显，需要进一步进行分析。

二、分层法

1. 分层法的概念

分层法（stratification），又叫分类法或分组法，是一种对数据进行分类、归类、整理、汇总和分析的方法。由于工程产品质量波动的原因是多种多样和错综复杂的，收集到的质量数据也具有复杂性和综合性。因而，在质量管理小组活动中，经常应用分层法对收集到的质量数据进行分类、整理和分析，找出产品质量波动的真正原因和发展变化的规律。

2. 常用的分层标志

在质量管理小组活动中最常用也最简单的分层标志是质量问题的“5M1E”因素和时间，包括人员、机具、材料、方法、环境、测量、时间，还可以根据实际需要增加其他项目，常用分层标志如表 8–4 所示。

表 8–4　常用分层标志表

分层标志	项　　目
人员	可按班组、年龄、性别、学历、熟练程度、岗位、职务、操作法等分层
机具	可按类型、编号、机型、年代、工具、新旧程度、工夹具类型等分层
材料	可按产地、批号、制造厂商、规格、成分、等级等分层
方法	可按不同的工艺要求、操作参数、操作方法、施工进度等分层
环境	可按照明度、温度、湿度等分层

续表 8-4

分层标志	项　目
测量	可按测量设备、实测精度、测量方法、测量人员、测量取样方法和环境条件等分层
时间	可按小时、天、旬、月、季、年等分层
其他	可按合格与不合格、包装类别、吊装、搬运方法等分层

按上面的分层标志分层，只是一个粗的分层。有时为了准确找出影响质量问题的关键因素，还要根据产品本身的特点进行进一步的分层或交叉分层，如按地区、使用条件、缺陷部位、缺陷内容等分层。在实际的质量管理活动中，分层的方法是非常多的，要根据具体的问题进行具体的分析，采用灵活适用的分层方法，找出质量问题的根本所在。

3. 分层法的应用步骤及应用原则

使用分层法一般有如下几个步骤：

（1）明确需要解决的问题及需要什么样的数据资料。

（2）根据质量问题本身的特性，正确选择和确定数据分层的分层标志。

（3）收集到足够且能确实反映质量问题的数据。

（4）根据分层标志对数据进行分层。

（5）将分层后的数据按层归类并画出分层归类图。

（6）对分层后的数据进行进一步的分析。

分层法的应用原则是同一层次内的数据波动幅度要尽可能小，而层次间的差别却要尽可能大，否则难以起到分类和汇总的作用；分层法应用的关键是划分层次的标志的选择要适当，并尽可能地与产生工程产品质量波动的原因一致。

4. 分层法的应用注意事项

（1）在数据收集之前使用分层法。数据收集的目的是解决问题，如果收集的数据与想要解决的问题不相关，那么数据收集工作就白做了。所以在数据收集之前就应该使用分层法，确定分层标志，才能够得到确实有用的数据。

（2）分层的标志尽可能多。为了防止片面和极端地看待问题，在分层分析时，尽可能多角度尝试予以分层，从不同侧面反映不同层面的问题。

（3）与其他统计方法结合使用。在质量管理小组活动中，分层法一般不单独应用，通常和其他统计方法配合应用，产生更为实用的质量管理小组活动技术方法，如分层排列图法、分层直方图法、分层控制图法、分层散布图法和分层因果图法等。

5. 分层法的应用举例

在质量管理小组活动中，分层法主要是在对收集到的数据进行整理和分析时使用。

某小组现状调查应用分层排列图寻找问题症结举例：某小组针对配网自动化终端调试上线时间不达标进行现状调查。首先对配网自动化终端各环节用时进行统计，并制作了统计表（表 8–5）和排列图（图 8–1）。

从排列图（图 8–1）看出，在配网自动化终端各环节时间调查分析中，设备调试时间占到 83.13%。为此小组进一步对设备调试各环节时间进行调查统计，并制作了统计表（表 8–6）及排列图（图 8–2）。

表 8–5 配网自动化终端各环节用时频率表

序号	配网自动化终端各环节	平均时长 /min	频率 /%	累计频率 /%
1	设备调试	75.83	83.13	83.13
2	安措布置	6.24	6.84	89.97
3	连接调试设备	3.54	3.88	93.85
4	安措拆除	3.33	3.65	97.50
5	检查设备	2.28	2.50	100.00
合计		91.22	100.00	100.00

制表人：× × ×　　　　制表时间：× × × × 年 × × 月 × × 日

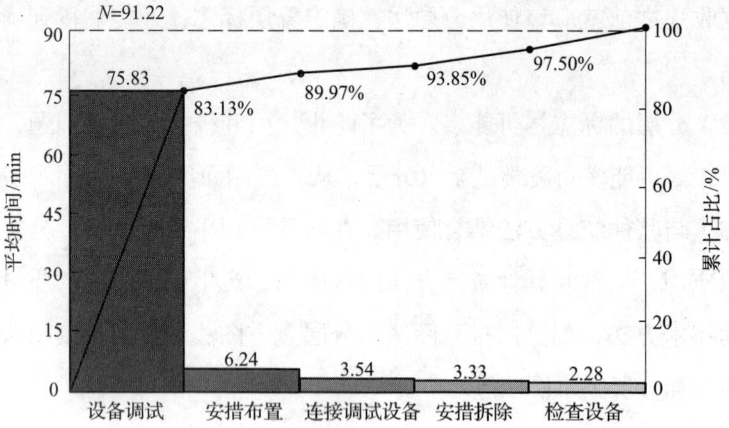

制图人：×××　　　　制图时间：××××年××月××日

图 8–1　配网自动化终端各环节用时排列图

表 8–6　设备调试各环节用时频率表

序号	设备调试各环节	平均时长 /min	频率 /%	累计频率 /%
1	调试通信	59.14	77.99	77.99
2	调试遥信	5.79	7.64	85.63
3	调试遥控	5.62	7.41	93.04
4	调试遥测	5.28	6.96	100.00
合计		75.83	100.00	100.00

制表人：×××　　　　制表时间：××××年××月××日

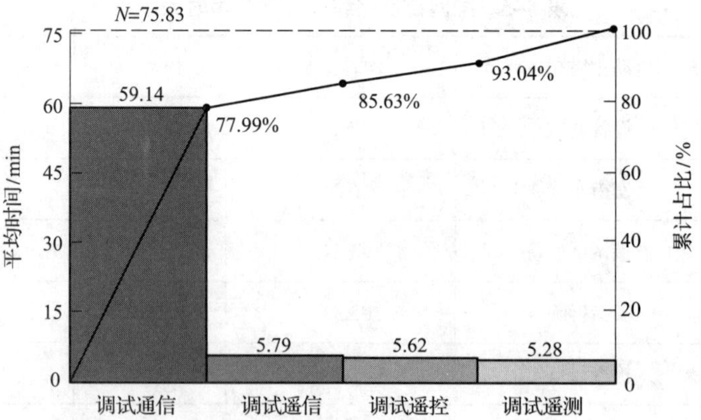

制图人：×××　　　　制图时间：××××年××月××日

图 8–2　设备调试各环节用时排列图

从排列图（图 8–2）看出，在设备调试各环节时间调查分析中，调试通信时间占 77.99%，小组又一次展开了调查，对调试通信时间进一步分层进行统计，并制作了统计表（表 8–7）及排列图（图 8–3）。

表 8–7　调试通信各环节用时频率表

序号	调试通信各环节	平均时长 /min	频率 /%	累计频率 /%
1	检查终端	53.23	90.01	90.01
2	设备通信参数	2.35	3.97	93.98
3	调试准备	2.14	3.62	97.60
4	主站对接	1.43	2.40	100.00
合计		59.15	100.00	100.00

制表人：× × ×　　　　制表时间：× × × × 年 × × 月 × × 日

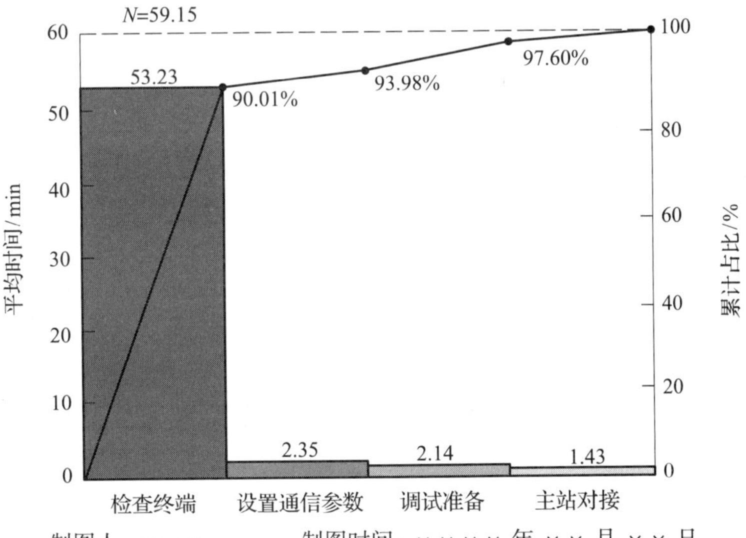

制图人：× × ×　　　　制图时间：× × × × 年 × × 月 × × 日

图 8–3　调试通信各环节用时排列图

从排列图（图 8–3）看出，在调试通信各环节时间调查分析中，检查终端时间最长，达 53.23min，所用时间占 90.01%，因此，这一环节是造成配网自动化终端调试上线时间不达标的主要症结。

案例分析：

小组针对配网自动化终端调试上线时间不达标问题，用分层排列图一步一步深入调查和分析，通过三层排列图找到了问题症结。当然，作为分析时间或工效问题用不合理用时比较客观，而非哪个工序用时长其就是问题的症结。

表 8–8 是某质量管理小组在解决输气管道焊接漏气质量问题时所做的分层表。

表 8–8　×× 工地输气管道焊接漏气质量情况交叉分层表　　单位：道

操作者	漏气情况	焊条		合计
		A 厂	B 厂	
甲	漏气	7	0	7
	不漏气	3	10	13
乙	漏气	4	5	9
	不漏气	6	5	11
丙	漏气	0	4	4
	不漏气	10	6	16
合计	漏气	11	9	20
	不漏气	19	21	40
共计		30	30	60

制表人：×××　　制表时间：×××× 年 ×× 月 ×× 日

表 8–8 是一个交叉分层表，从表中可以分析出很多关于改进和提高焊接质量的信息。质量管理小组是在对比试验的基础上使用的分层法。试验是对三个操作者和两种焊条的综合对比试验。分层时采用了交叉分层的方法，既对三个操作者分层，也对两种焊条分层。

从表 8–8 中可以看出，试验是三个操作者每人使用 A 厂和 B 厂的焊条各焊接 10 道焊缝，总计是 60 道焊缝。试验结果表明：三个操作者中丙的合格率最高，达到了80%；其次是甲，达到了65%；最差是乙，仅为55%。说明丙技术水平最高，工艺较好，质量最好。同时也可以看出：A厂焊条的合格率为63.3%，B厂焊条的合格率为70%，有区别但相差不大，但使用B厂的焊条能提高工艺质量。进一步分析还可以看出：使用A厂的焊条时应采用丙的工艺方法，使用B厂的焊条时应采用甲的工艺方法，二者的合格率都达到了百分之百。

运用分层法进行分层分析，如果分层后的数据仍带有综合性时，可以进行再分层，这样一层一层分析下去，直到找出问题的具体症结。

三、排列图

1. 排列图的概念

排列图（Pareto diagram），也称帕累托图，是意大利经济学家帕累托在分析该国社会财富分布时得出的，是将质量改进项目从最重要到次要顺序排列而采用的一种图表，其基本观点是寻找“关键的少数”，集中人、财、物力解决，忽略“次要的多数”，以求用最少的投入获得最大的质量改进效果。

2. 排列图的形式

排列图由一个横坐标、两个纵坐标、几个按高低顺序排列的矩形和一条累计百分比（累计频率）折线组成，其基本图形如图8-4所示。左侧的纵坐标是质量问题或缺陷频数，右侧的纵坐标是质量问题或缺陷的累计百分比；横坐标代表质量项目或数据分段；矩形的宽度代表质量项目，高度代表该质量项目或该数据段的频数；折线是一条累计的百分比折线，称为帕累托曲线。

3. 排列图的应用步骤

（1）根据要解决的质量问题，选择进行质量分析的项目。

（2）根据质量分析的项目，选择进行质量分析的度量单位。

（3）选择进行质量分析的数据的间隔。

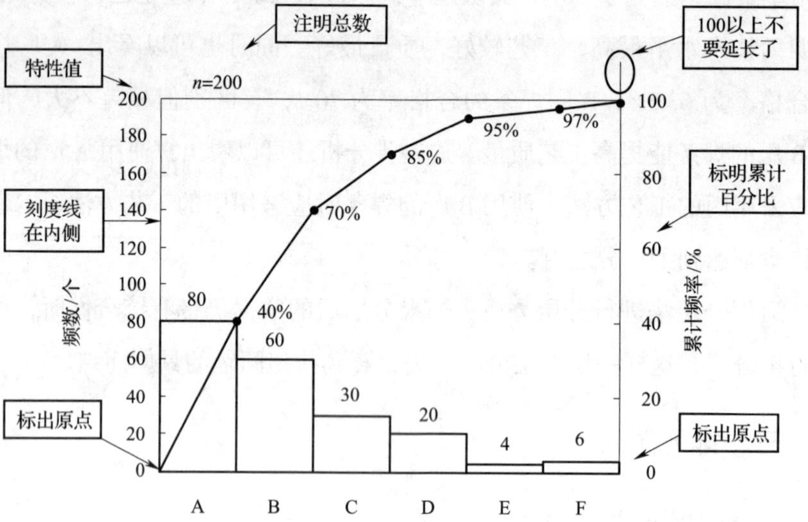

图 8–4　排列图的形式

（4）画横坐标。按度量单位量值递减的顺序自左至右在横坐标上列出项目，量值较小的几个项目归并成“其他”项，放在最右端。

（5）画纵坐标。分别画出频数纵坐标和累计百分比纵坐标，右边纵坐标的累计百分比值应与左边纵坐标对应的频数值等高，并从 0 到 100% 进行标定。

（6）根据每个项目的频数画出矩形，其高度表示该项目度量单位的量值。

（7）由左到右累加每个项目的量值（以 % 表示），并画出累计频数帕累托曲线。

（8）对排列图进行分析，确定改进的“关键的少数项”。一般认为，累计百分比（累计频率）相对突出的项目属于“关键的少数项”。

4. 排列图的应用注意事项

（1）分析的项目不宜太多，也不宜太少，一般为 4~8 项。

（2）频数较小的项目可进行合并，放在“其他”栏内，这样可以缩短横坐标的长度，但是“其他”栏数值不能为“1”。

（3）找到的“关键的少数项”一般以 1 ~ 2 个为宜，否则就失去寻找主要问题的意义，且必须是本质量管理小组有能力解决的，否则应重新分类、画图和寻找。

（4）利用排列图的目的是寻找“关键的少数项”，如找不到，则应重新考虑数据的分类或分层。

（5）排列图的应用最好是分层排列，这样才有实质性意义。

5. 排列图应用举例

【例 8-1】某小组现状调查应用排列图寻找问题症结举例。

×××× 年 ×× 月 ×× 日，小组成员 ××× 对已施工完成的 1# 楼 3 层结构进行检查，依照《混凝土结构工程施工质量验收规范》和《建筑工程施工质量评价标准》等相关标准，对混凝土现浇构件实体尺寸的实测项进行调查和统计，检查的实测项包括“截面尺寸偏差”、“垂直度偏差”、“表面平整度偏差”、“顶板水平度偏差”和“楼板厚度偏差”共五项。

本次调查共实测 600 点，505 点合格，95 点不合格，合格率为 84.17%。制定混凝土现浇构件实体尺寸问题调查表，如表 8-9 所示。

表 8-9　混凝土现浇构件实体尺寸问题调查表

序号	项目	频数 / 点	频率 /%	累计频率 /%
1	顶板水平度偏差	41	43.16	43.16
2	楼板厚度偏差	34	35.79	78.95
3	垂直度偏差	10	10.52	89.47
4	表面平整度偏差	7	7.37	96.84
5	截面尺寸偏差	3	3.16	100.00
合计		95	100.00	

制表人：×××　　　　制表时间：×××× 年 ×× 月 ×× 日

根据调查表，绘制出混凝土现浇构件实体尺寸问题排列图，如图 8-5 所示。

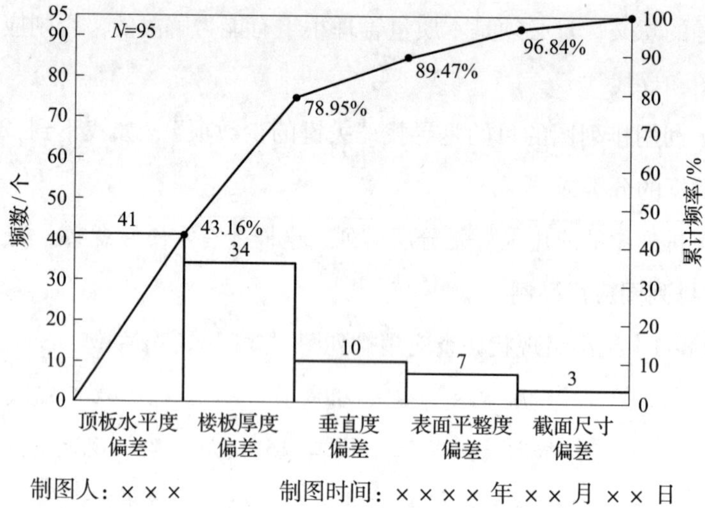

图 8–5　混凝土现浇构件实体尺寸问题排列图

从调查表和排列图可以看出，“顶板水平度偏差”和“楼板厚度偏差”占总频数的 78.95%，是影响混凝土现浇构件实体尺寸合格率的两个问题症结。

第二节　因果图、树图与关联图

一、因果图

1. 因果图的概念

因果图（cause-and-effect diagram），又叫石川图、特性要因图、鱼骨图等，是表示质量特性波动与其潜在原因的关系，即表达和分析因果关系的一种图表。运用因果图有利于分析问题产生的原因，便于采取对策措施。因果图在质量管理尤其在质量分析和质量改进中有着广泛的用途。

用因果图来分析问题的原因，要展示造成问题的原因全貌，也就是要把所有可能影响问题的原因都分析到因果图上去。为避免遗漏某一方面的问题，要先确定原因的类别，然后按每一类别一层一层地展开分析下去。

因果图通常用“5M1E”作为原因类别，即：人（Man）、设备（Machine）、材料（Material）、方法（Method）、测量（Measure）、环境（Environment）。

从这几个角度展开分析，就能避免遗漏。当然在应用时，也不要生搬硬套这六个原因类别，可根据问题的实际情况来选取。此外，如果是要对管理问题做分析，则可根据分析问题的实际情况自行设定原因类别。

2. 因果图的形式

因果图的一般形式如图 8-6 所示。

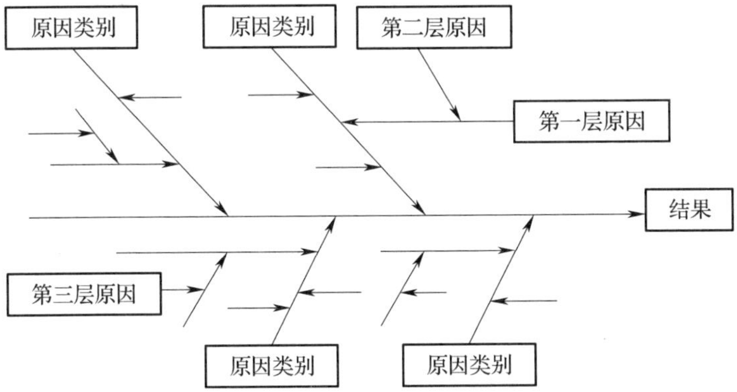

图 8-6　因果图的一般形式

3. 因果图的应用步骤

（1）简明扼要地规定结果，即确定需要解决的质量问题，如平整度偏差、孔径不匀、管片错台等。

（2）规定可能发生原因的主要类别。

（3）根据因果图的一般形式，画出因果图的主干部分，即画出结果和主要的原因类别。

（4）对产生质量问题的原因进行层层分析，并将寻找到的各个层次的原因逐一地画在相应的枝上。

（5）对因果图进行进一步的分析，对分析出来的所有末端原因，应逐一进行现场验证、现场测试测量、调查分析等，以确认主要原因。

4. 因果图的应用注意事项

（1）画因果图时必须召开“诸葛亮会”，利用头脑风暴法，充分发扬民主，各抒己见，集思广益，全面分析。

（2）画图时要注意确定的主要质量问题（特性）不能笼统，一个主要质量问题只能画一张因果图，多个主要质量问题则应画多张因果图，因果图只能用于单一问题的分析。如“垂直度、平整度超标”，不能合并画一张因果图，应该“垂直度超标”画一张图，“平整度超标”另画一张图，并分别分析。

（3）因素间因果关系要成立，因果关系的层次要分明，因果关系不能颠倒或混淆，因素不能放错位置。原因分析必须彻底，要分析到可以直接采取对策的程度。

（4）“主要原因”一定是末端原因，而不应该是中间原因。如图 8–7 中，在分析人的因素时，末端原因应该是“岗位培训合格率低”“技术交底不够详细”“没有奖罚制度”“在质量方面无检查制度”。

（5）对末端原因，应逐项论证是否是主要原因。

5. 因果图的应用举例

某质量管理小组针对“电缆链路回波损耗”问题画出的因果图，如图 8–7 所示。

图 8–7 从人、机、料、法、环五个方面对影响电缆链路回波损耗的原因进行了较全面的分析，除交叉作业面多与无成品保护措施之间没有直接因果关系外，大部分因果关系成立。该因果图共有 17 个末端原因，分别是岗位培训合格率低，技术交底不够详细，没有奖罚制度，在质量方面无检查制度，仪器进场没有质量检验，在检测设备方面无管理制度，模块及主要材料进场没有检查，在材料设备方面无管理制度，线缆检验

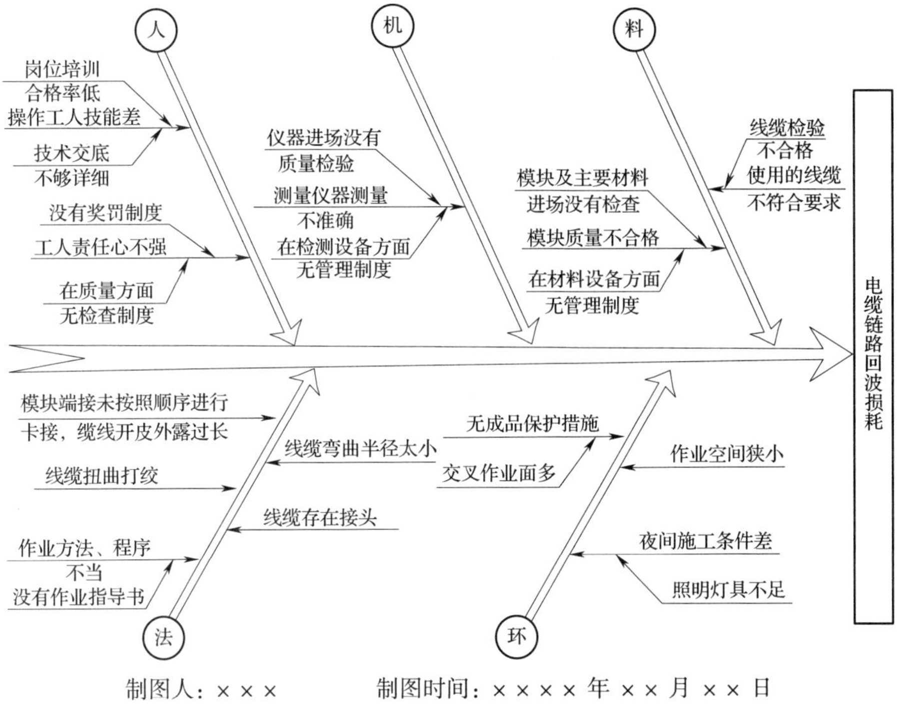

图 8–7　电缆链路回波损耗因果图

不合格，模块端接未按照顺序进行卡接，缆线开皮外露过长，线缆扭曲打绞，没有作业指导书，线缆弯曲半径太小，线缆存在接头，交叉作业面多，作业空间狭小，照明灯具不足。主要原因必须在这 17 个末端原因中寻找。

二、树图

1. 树图的概念

树图，也称系统图，是一种单目标展开的表示某一问题各要素间逻辑关系的图。在质量管理中，可以利用树图把某个质量问题分解成若干个组成要素，根据因果关系排列起来，以显示出问题与要素、要素与要素之间的逻辑关系和顺序关系，从而明确问题的重点和解决问题的关键。

2. 树图的形式

树图是一种单目标的、层层展开的树枝状图，一般由主题、要素类别、要素和各级子要素组成。由于它的单目标性决定了其主题只有一个，主题下面是要素类别，每个要素类别又分若干个要素，要素又分子要素，子要素又分子要素，直至末端子要素为止。

实际使用中，树图可以向下展开，也可以侧向展开。向下展开的称宝塔型，侧向展开的称侧向型。图 8-8 及图 8-9 分别为宝塔型树图及侧向型树图的典型形式。

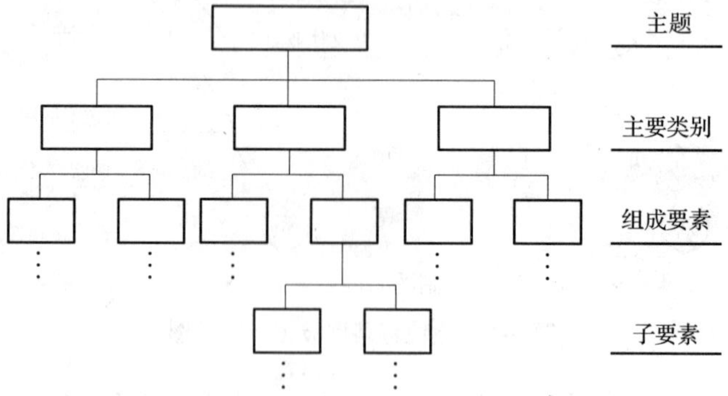

图 8-8　宝塔型树图

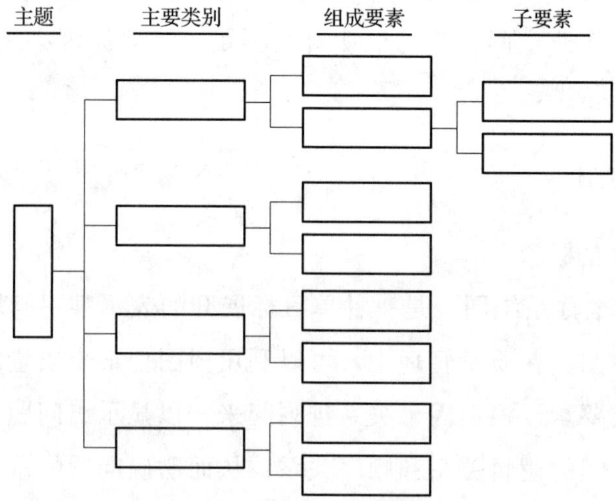

图 8-9　侧向型树图

3. 树图的主要用途

（1）树图可用于质量管理活动的展开，如质量方针、质量目标、质量责任制的展开。

（2）作为另一形式的特性要因图的展开，可以如同因果图、关联图一样用来进行原因分析。

（3）质量改进要求的展开。

（4）新产品、新工艺、新设计方案的展开。

（5）树图也可以作为亲和图的一种表现形式，用于问题的归类。

4. 树图的应用步骤

（1）简明扼要地列出要解决的主题（如质量问题）。

（2）确定该主题的主要类别，即主要层次（见图 8–8 或图 8–9），可以利用亲和图中的主卡片或头脑风暴法明确的主要层次来确定。

（3）根据主要类别确定其组成要素和子要素。

（4）把主题、主要层次、组成要素和子要素放在相应的方框内。

（5）评审画出的树图，确保无论在顺序上或逻辑上都没有差错和空档。

5. 树图的注意事项

（1）用于因果分析的树图一般是单目标的，即一个问题用一张树图。

（2）运用树图进行原因分析时，可以从 5M1E 展开，也可以从质量实际情况或逻辑关系去分析。

6. 树图的应用举例

【**例 8–2**】某小组对仿古建筑艺术造型偏差按照 5M1E 运用树图进行原因分析，如图 8–10 所示。

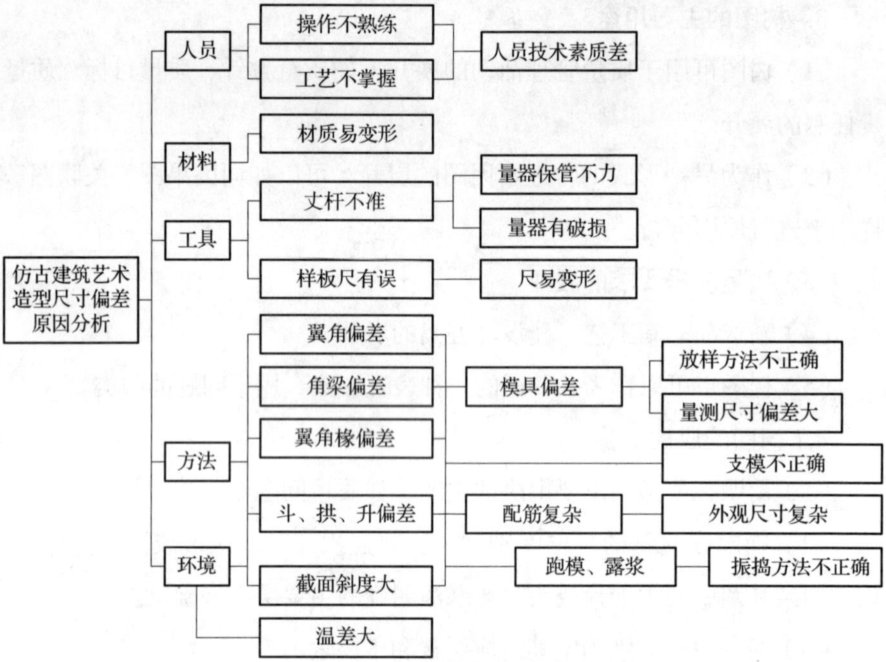

制图人：×××　　　　制图时间：××××年××月××日

图 8–10　仿古建筑艺术造型尺寸偏差原因分析树图

【**例 8–3**】某小组运用树图分析管片姿态异常原因，如图 8–11 所示。

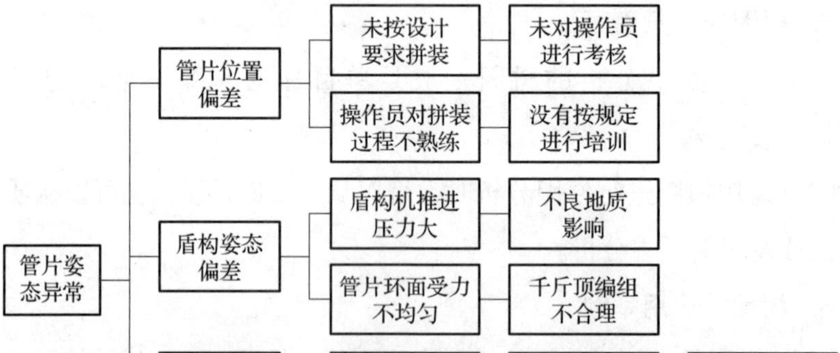

制图人：×××　　　　制图时间：××××年××月××日

图 8–11　管片姿态异常原因分析树图

三、关联图

1. 关联图的概念

关联图（relation diagram），又叫关系图，是解决因素间相互关联，因素与问题间关系复杂的原因与结果或者目的与手段间的关系的图示技术。与系统图不同的是，关联图所分析的问题可以是一个，也可以是多个。其基本形式如图 8-12 所示。

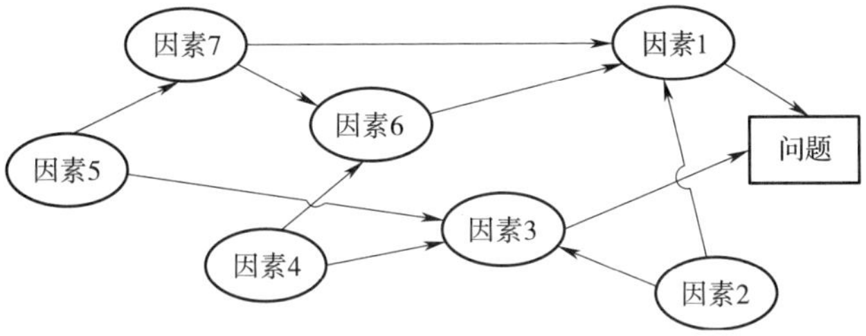

图 8-12 关联图的基本形式

2. 关联图的基本类型

关联图的基本类型有中央集中型和单侧汇集型两种。

（1）中央集中型关联图，把要分析的问题放在图的中央位置，把同“问题”发生关联的因素逐层排列在其周围，如图 8-13 所示。

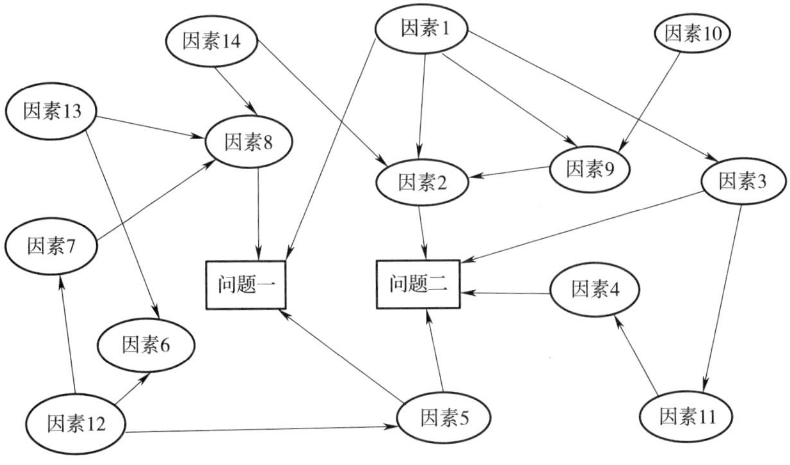

图 8-13 中央集中型关联图

（2）单侧汇集型关联图，把要分析的问题放在右（或左）侧，把与其发生关联的因素从右（左）向左（右）逐层排列，如图 8-14 所示。

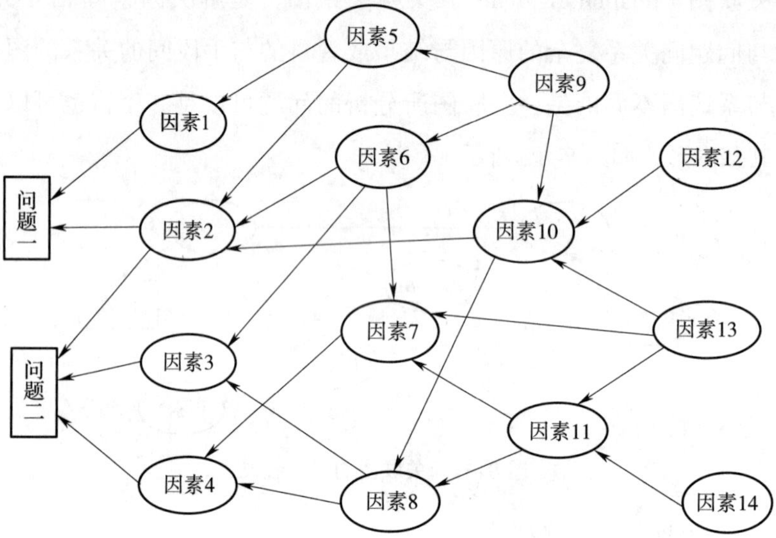

图 8-14　单侧汇集型关联图

3. 关联图的应用步骤

（1）确定要分析的“问题”，“问题”宜用简洁的“主语 + 谓语”的短语表述，一般用方框圈起，“问题”识别规则是箭头只进不出。

（2）召开小组会议，用头脑风暴法就分析的“问题”充分发表意见，找因素。

（3）边记录、边绘制、反复修改关联图。

（4）用箭头表示原因与结果的关系，箭头指向的是“原因→结果”。

（5）找出末端原因。末端原因的识别标志是箭头只出不进。

（6）评审所画关联图，必要时予以修订。

4. 关联图的应用注意事项

（1）单目标（即关键质量问题只有一个）因果分析时，原因之间一定要有交叉或缠绕。否则，不宜用关联图进行分析。

（2）用因果分析关联图时，“主要原因”必须从末端因素中寻找。

（3）图中一定要有若干相互关联的因素，否则就不能称为关联图。

5. 关联图的应用举例

某质量管理小组成员应用头脑风暴法，对引起轻钢龙骨隔墙安装质量缺陷的原因进行分析，整理结果如图 8-15 所示。

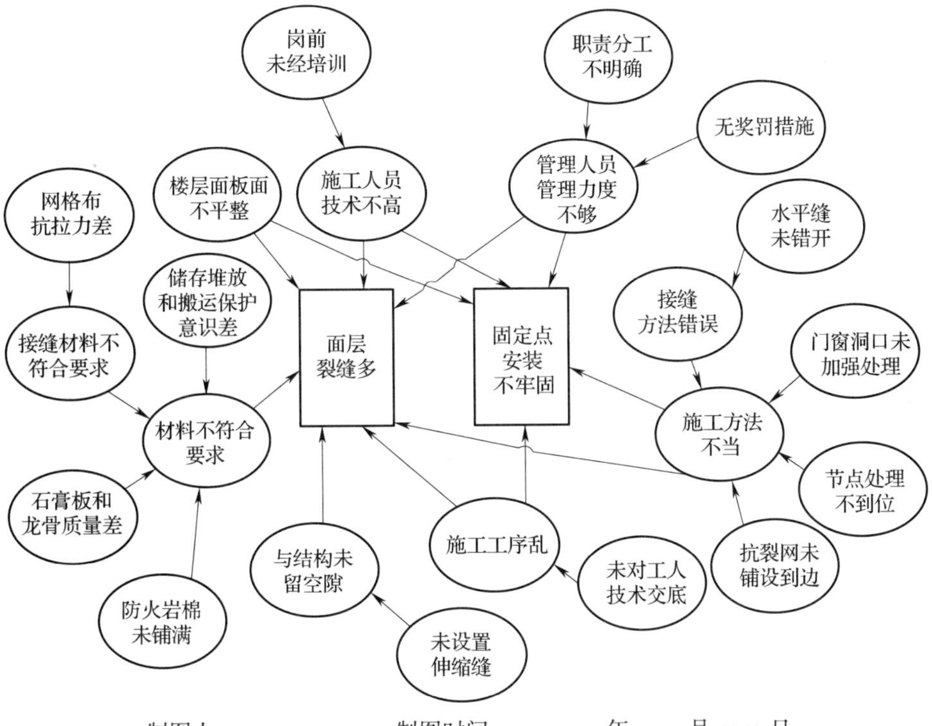

制图人：×××　　　　制图时间：××××年××月××日

图 8-15　轻钢龙骨隔墙板面层裂缝多及固定点安装不牢固关联图

图 8-15 为中央集中型关联图，针对“面层裂缝多”和“固定点安装不牢固”两个问题进行原因分析。箭头只出不进的为末端原因，共有 14 个，分别是“楼层面板面不平整”“岗前未经培训”“职责分工不明确”“无奖罚措施”“水平缝未错开”“门窗洞口未加强处理”“节点处理不到位”“抗裂网未铺设到边”“未对工人技术交底”“未设置伸缩缝”“防火岩棉未铺满”“石膏板和龙骨质量差”“网格布抗拉力差”“储存堆放和搬运保护意

识差”。该关联图部分末端原因没有分析到可以直接采取对策的程度，如“节点处理不到位”“抗裂网未铺设到边”“未设置伸缩缝”“防火岩棉未铺满”“储存堆放和搬运保护意识差”等。

第三节　散布图、直方图、控制图

一、散布图

1. 散布图的概念

散布图（scatter diagam），又叫相关图、散点图，是将两个可能相关的变量数据用点画在坐标图上，用来表示一组成队的数据之间是否有相关性。这种成对的数据或许是“特性—原因”“特性—特性”“原因—原因”的关系。通过对其观察分析，来判断两个变量之间的相关关系。

2. 散布图的形式

散布图由横、纵坐标和点子云组成，通过研究点子云的分布状态来推断成对数据间相关程度。如成对出现的数据（X，Y），横轴可以代表 X，纵轴可以代表 Y，每对（X，Y）构成一个点子，众多的点子就构成了点子云。当 X 值增加，相应地 Y 值也增加，我们就说 X 和 Y 是正相关；当 X 值增加，相应地 Y 值却减少，我们就说 X 和 Y 之间是负相关。

散布图典型的点子云分布形状有六种，如图 8-16 所示。

3. 散布图的应用步骤

（1）收集两个变量间对应的相关数据（X，Y）至少不得少于 30 对。

（2）找出 X 和 Y 的最大值和最小值，并用这两个值标定横轴 X 和纵轴 Y，画出 X 轴和 Y 轴。

（3）将每对数据所构成的点画出，当两组数据值相等，数据点重合时，可围绕数据点画同心圆表示。

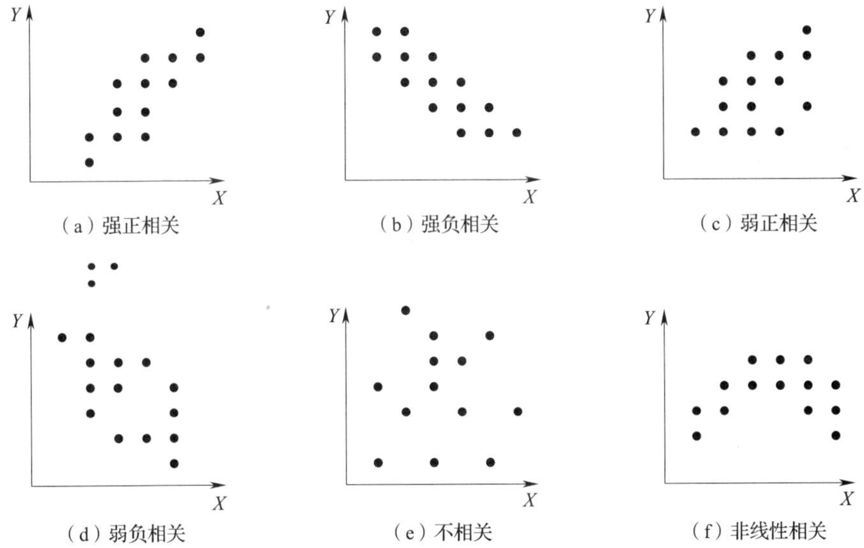

图 8–16　散布图典型的点子云分布形状

（4）分析点子云的分布状况，判断其相关性，确定数据间的相关程度。

4. 散布图的相关性判断

散布图中数据点的相关性分析判断方法：一是对照典型案例判断法；二是象限判断法；三是相关系数判断法。这三种判断方法无论使用哪一种，结论都是一致的，由于对照典型案例判断法既直观又简单，被大多数小组所采用。下面的案例就是某小组用对照典型案例判断法进行判断的实例。

5. 散布图的应用举例

某质量管理小组为了摸清混凝土密度与抗渗透性能之间的关系，利用散布图进行分析。

（1）收集数据。小组收集了 30 组数据，如表 8–10 所示。

（2）画出 X 轴和 Y 轴。找出混凝土密度 X 的最大值 2520g/cm^3 及最小值 1850g/cm^3，找出混凝土抗渗透性 Y 的最大值 8.4mm 及最小值 4.8mm，并用这两个值标定横轴 X 和纵轴 Y，画出 X 轴和 Y 轴。

表 8–10　混凝土密度与抗渗透性相关数据

密度 /（g·cm^{-3}）	抗渗透性 /mm	密度 /（g·cm^{-3}）	抗渗透性 /mm	密度 /（g·cm^{-3}）	抗渗透性 /mm	密度 /（g·cm^{-3}）	抗渗透性 /mm	密度 /（g·cm^{-3}）	抗渗透性 /mm
2290	7.8	2080	6.5	1850	4.8	2040	5.8	1940	5.5
1919	5.0	2150	7.0	2200	7.3	2050	5.9	2140	6.8
1960	5.5	2520	8.4	2240	7.5	2060	6.4	2110	6.2
2400	8.1	1900	5.2	2240	8.1	2350	7.8	2120	6.3
2450	8.2	1910	5.1	2100	6.1	2200	7.4	1900	4.9
2351	8.0	2250	7.5	2170	6.9	2300	7.5	2200	7.0

制表人：×××　　　　　　　　　　　　　　　　制表时间：×××× 年 ×× 月 ×× 日

（3）将抗渗性和密度每对数据所构成的点画在对应的横纵坐标上，如图 8–17 所示。

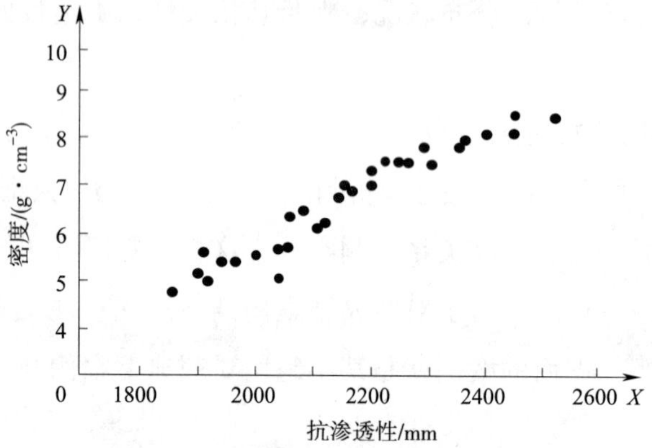

制图人：×××　　　　制图时间：×××× 年 ×× 月 ×× 日

图 8–17　混凝土密度与抗渗透性散布图

（4）分析点子云的分布状况。从图 8–17 与典型案例图对照可以看出，混凝土的抗渗透性随着密度的增大而增大，二者是强正相关关系，以后，可以在大量数据的情况下，得出具体的经验公式。

6. 散布图应用注意事项

（1）要注意对数据进行正确分层，否则可能做出错误判断。

（2）观察是否有异常点或离群点的出现。对于异常点或离群点，应查明原因。

（3）当收集的数据较多时，可能会有重复数据出现，在画图时可围绕数据点画同心圆表示。

（4）由相关分析所得的结论应注重数据的取值范围。一般不能随意更改其适用范围，当取值范围不同时，应再进行相应的试验与分析。

二、直方图

1. 直方图的概念

直方图（histogram）是频数直方图的简称，是一种通过对大量计量值数据进行整理加工，用图形直观形象地把质量分布规律表示出来，根据其分布形态，分析判断过程质量是否稳定的统计方法。直方图是用一系列宽度相等而高度不等的长方形表示数据分布情况的图，长方形的宽度表示数据分布范围的间隔，长方形的高度表示在给定间隔内的数据值。

在实际生产过程中，虽然工艺条件相同，但生产出的产品质量却不会完全相同，而是在一定范围内波动，这种波动是否正常，是我们希望了解和掌握的。用直方图可以做出准确判断，查找质量问题，以便制定改进措施。直方图的主要作用有：

（1）准确地显示质量波动的状态。

（2）直观地传递过程质量状况的信息和过程能力。

（3）通过对直方图的分析判断，确定质量改进工作的重点。

2. 直方图的绘制方法

（1）收集数据。直方图数据一般大于50个，数据太少所做的图形不能确切反映分布形态，计算出的标准偏差的精度也会降低很多。

（2）确定数据的极差（R）。用数据中的最大值减去最小值求得。

（3）确定组距（h）。先确定直方图的组数，然后以此组数去除极差，可得直方图每组的宽度，即组距。组距一般取测量单位的整倍数。组数的确定要适当，组数太少，会引起较大计算误差；组数太多，会影响数据分组规律的明显性，且计算工作量加大。组数（k）的确定可参考表 8–11。

表 8–11　组数选用表

观测次数 / 次	推荐组数 k
20 ~ 50	6
51 ~ 100	7
101 ~ 200	8
201 ~ 500	9
501 ~ 1000	10
1000 以上	11 ~ 20

（4）确定各组的界限值。以下界限为起始，以确定的组距为间隔，依次确定各组的界限值。为避免因数据值与组的界限值重合，而出现一个数据同时属于两个组，造成重复计数，最简单的方法是将各组区间按照“左闭右开”的原则取数，即可将各组数据区间定为左边（小数）属本组，右边（大数）属下组，也可将第一组的下界限值取收集数据中最小值减去最小测量单位的 1/2，第一组的下界限值与组距 h 相加得出第一组的上界限值，其他依次类推。

（5）编制频数分布表。把各组的上下界限值分别填入频数分布表中，并把数据表中的各个数据“对号入座”列入相应的组，统计落入各组数据个数，即各组频数（f）。

（6）按数据值比例画横坐标。

（7）按频数值比例画纵坐标，以观测值数目或百分数表示。

（8）按纵坐标画出长方形的高度，它代表落在此长方形中的数据数。因组距相同，所以每个长方形的宽度都是相等的。

（9）在直方图上标注公差上下限（T_U、T_L）、样本数（n）、样本平均值（$\bar{x}$）、样本标准偏差值（s），以及公差中心 M 的位置等。

样本分布中心即样本平均值：

$$\bar{x} = \frac{1}{n} \sum_{i=1}^{n} x_i$$

样本标准偏差：

$$s = \sqrt{\frac{1}{n-1} \sum_{i=1}^{n} (x_i - \bar{x})^2}$$

3. 直方图的观察分析

直方图的应用，首先要收集数据，将数据分组，绘制成图。针对绘制的直方图显示的形态、数据分布中心和公差中心位置的分析，对数据波动情况做出判断。对直方图的观察分析可从形状和规格界限两方面入手。

（1）形状分析与判断。

观察分析直方图整个图形的形状是否属于正常分布，分析过程是否处于稳定状态，判断产生异常的原因，常见的直方图形状如图 8–18 所示。

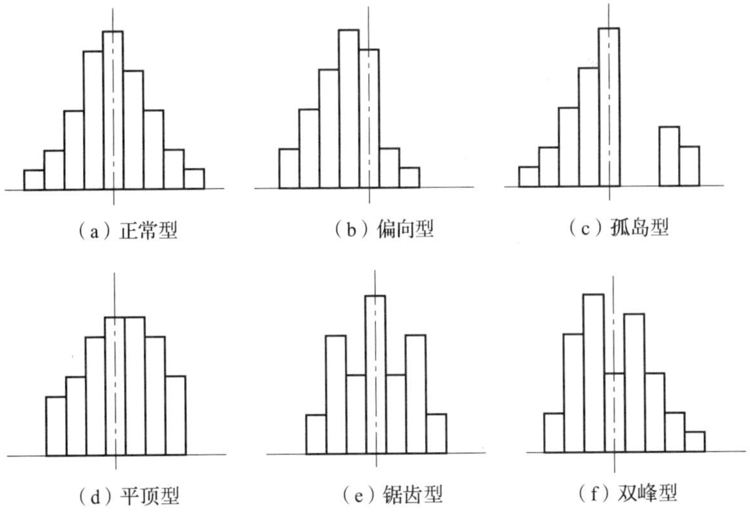

图 8–18　直方图的六种不同形态

1）正常型：说明工序运行状态正常，产品质量处于稳定状态。

2）偏向型：偏向型又分左偏型和右偏型。一般来讲，偏向型所代表的产品质量状态多数是由于一些固有因素造成的，如设备精度状态、刀具磨损程度、操作习惯等。

3）孤岛型：属于数据的异常波动，多为异常因素所引起，如测量工具有误差、原材料的变化、设备老化、刀具严重磨损、操作者更换、操作疏忽等。

4）平顶型：虽从产品质量角度看还可以，但也非正常运行状态，有可能是因为生产过程中有缓慢因素作用所引起的，如操作者疲劳等。

5）锯齿型：从数据角度看可能是由于直方图分组过多或是测量数据不准等原因造成，从生产角度看可能是由于一些弱的异常因素所引起的异常波动。

6）双峰型：说明数据来自不同的总体，可能是由两个工人或两批原材料或两台设备生产的产品混在一起。

（2）与规格界限的比较分析。

当直方图的形状呈正常型时，即工序在此时刻处于稳定状态时，还需要进一步将直方图同规格界限（即公差）进行比较，以分析判断工序满足公差要求的程度。直方图的典型状态如表 8–12 所示。

表 8–12　直方图的典型状态及与公差的比较

图　例	调 整 要 点
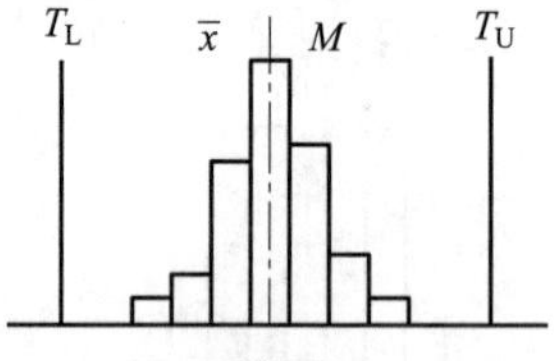 理想型	样本分布中心 $\bar{x}$ 与公差分布中心 M 近似重合，图形对称分布，且两边有一定余量，是理想状态。此时，一般很少出现不合格品，因此可保持状态水平并加以监督
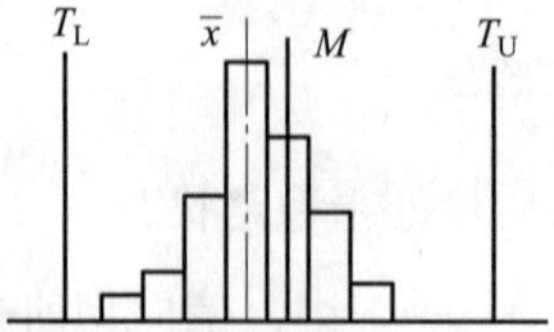 偏心型	样本分布中心 $\bar{x}$ 与公差分布中心 M 有较大偏移，此时，稍有不慎就会出现不合格品。因此，要调整分布中心 $\bar{x}$，使分布中心 $\bar{x}$ 与公差中心 M 近似重合

续表 8–12

图　例	调整要点
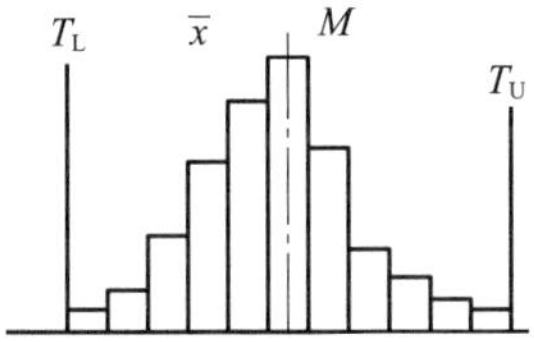 无富余型	样本分布中心 $\bar{x}$ 与公差分布中心 M 近似重合，但两边与规格的上、下限紧紧相连，没有余地，表明过程能力已到极限，非常容易失控，造成不合格品。因此要立即采取措施，提高过程能力，减少标准偏差 s
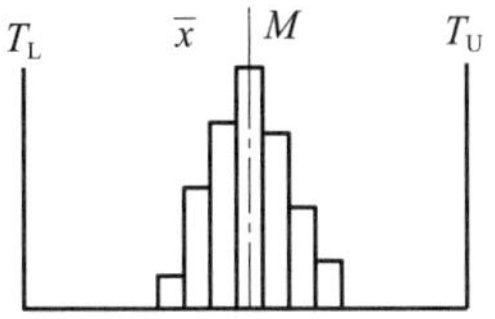 能力富余型	样本分布中心 $\bar{x}$ 与公差分布中心 M 近似一致，但两边与规格的上、下限有很大距离，说明工序能力出现过剩，经济性差。因此，可考虑改变工艺，放宽加工精度或减少检验频次，以降低成本
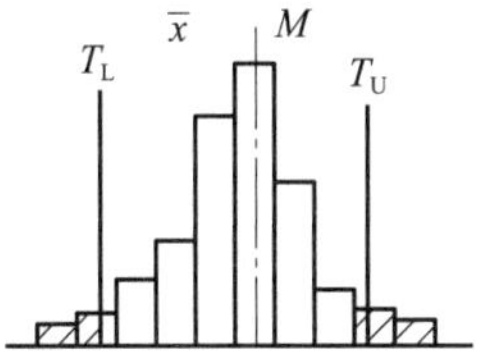 能力不足型	样本分布中心 $\bar{x}$ 与公差分布中心 M 近似重合，但分布已超出上、下界限，分散程度过大，已出现不合格品。因此，应多方面采取措施，减少标准偏差 s 或放宽过严的公差范围

4. 直方图的应用注意事项

（1）一般要求数据不少于 50 个，最好为 100 个。实践表明，若数据低于 50 个，绘制出来的直方图差异较大，很容易造成误判。

（2）测量组距 h 时，应取测量单位的整数倍。

（3）确定分组界限关键是第一组的下界限值，避免一个数据同时属于两个组。

（4）编制频数分布表时，频数记号应按数据表的顺序逐个数据“对号入座”进入相应的组，避免遗漏和重复。

（5）做出直方图后，应在图上标注抽样数、规格上限、规格下限、公差中心、样本均值、标准偏差等。

（6）在分析直方图时，要结合实际情况对图形的类别和原因进行分析、判断，原因可能有多种，采取的措施也要慎重并加以验证，尤其是如果采取放宽控制界限时，要经过论证和验证，避免盲目放宽控制界限造成不合格品被放行。

5. 直方图应用举例

某班组加工钢轴，钢轴直径尺寸随机抽样 100 个，具体如表 8–13 所示，工艺要求钢轴加工尺寸为 60 ± 2.0mm，班组希望了解加工质量，寻求改进。

这种情况下，利用直方图能够快速、方便、形象地分析质量状况。

（1）收集数据 100 个，即 n=100，如表 8–13 所示。

表 8–13　钢轴加工尺寸数据表

钢轴直径尺寸 /mm									
59.3	59.7	60.6	60.8	60.3	61.2	60.2	59.7	59.6	59.5
60.9	59.4	60.1	60.4	59.2	61.9	59.5	59.4	60.7	59.3
60.1	61.3	60.5	58.9	59.8	59.5	59.4	60.4	60.5	60.5
60.2	60.5	58.5	59.6	59.5	58.9	58.9	59.2	59.9	59.9
59.9	58.0	59.0	59.3	58.7	59.7	59.8	59.9	60.0	60.3
60.2	60.3	60.4	61.4	59.4	60.2	59.8	61.6	59.6	61.0
59.7	59.8	61.0	60.9	60.7	60.6	59.4	60.0	60.3	60.2
60.1	59.9	59.8	59.7	61.0	60.9	59.2	60.3	60.1	60.6
61.2	60.8	60.3	60.6	60.2	59.6	59.9	58.9	58.5	59.7
59.9	59.6	59.7	59.9	58.3	59.0	61.2	61.6	61.3	60.0

（2）求极差 R: 在数据表中找到最大值和最小值。最大值 X_{max}=61.9mm，最小值 X_{min}=58.0mm，则：R=61.9–58.0=3.9。

（3）确定分组数 k 及组距 h：

$$取组数\ k=10$$

$$组距\ h=R/k=3.9/10=0.39 \approx 0.40$$

（4）确定各组界限值。将表 8–13 中的数据按照组距分为 10 组，确定各组界限值。为避免出现数据值被重复计数，将各组区间按“左闭右开”的原则取数，如表 8–14 所示。

表 8–14　频数表

组号	组界值 /mm	频数统计 f_i/ 个
1	58.0 ~ 58.4	2
2	58.4 ~ 58.8	3
3	58.8 ~ 59.2	6
4	59.2 ~ 59.6	15
5	59.6 ~ 60.0	25
6	60.0 ~ 60.4	19
7	60.4 ~ 60.8	13
8	60.8 ~ 61.2	8
9	61.2 ~ 61.6	6
10	61.6 ~ 62.0	3

也可以将第一组的下界限值取数据中的最小值 58.0 减去最小计量单位的 1/2，即 0.05，得 57.95，第一组上限为下限值 57.95 加上组距 0.4，为 58.35，即频数 f_i 列入表 8–15。

表 8–15　频数表

组号	组界值 /mm	频数统计 f_i/ 个
1	57.95 ~ 58.35	2
2	58.35 ~ 58.75	3
3	58.75 ~ 59.15	6
4	59.15 ~ 59.55	15
5	59.55 ~ 59.95	25
6	59.95 ~ 60.35	19
7	60.35 ~ 60.75	13
8	60.75 ~ 61.15	8
9	61.15 ~ 61.55	6
10	61.55 ~ 61.95	3

（5）计算样本平均值$\bar{x}$与标准偏差 S：

工艺要求钢轴加工尺寸为 60.0 ± 2.0mm，T_U=62.0，T_L=58.0

公差中心 M=（T_U+T_L）/2 =（62.0+58.0）/2=60.0

样本平均值 $\bar{x} = \frac{1}{n}\sum_{i=1}^{100} x_i = 60.006$

标准偏差 $S=\sqrt{\frac{1}{n-1}\sum_{i=1}^{100}(x_i-\overline{x})^2}=0.763$

可见，样本平均值 $\overline{x}$ 与公差中心 M 基本吻合。

（6）绘制直方图。

根据计算结果及表 8–14 绘制直方图，如图 8–19 所示。

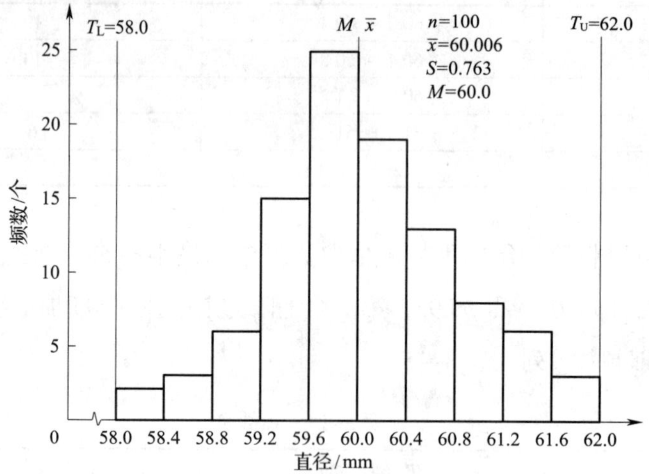

图 8–19　钢轴加工直径直方图

根据计算结果及表 8–15 绘制直方图，如图 8–20 所示。

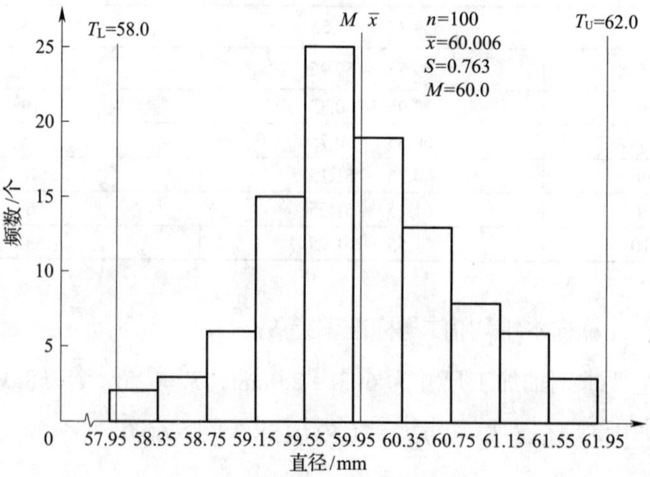

图 8–20　钢轴加工直径直方图

（7）分析：该直方图为无富余型。样本分布中心$\overline{x}$与公差中心 M 近似重合，但两边与规格的上、下界限紧紧相连，没有余地，表明过程能力已到极限，非常容易出现失控，造成不合格。因此，小组决定立即采取措施，提高过程能力，减少标准偏差 S。

三、控制图

1. 控制图的概念

控制图（control chart），也叫管理图、休哈特图，是一种将显著性统计原理应用于控制生产过程的图形方法，是用来区分过程中的正常波动和异常波动，并判断过程是否处于统计控制状态的一种工具。质量波动分为正常波动和异常波动，正常波动是由随机原因产生的，是一种在预计的界限内的随机重复的偶然波动，不是质量管理中要控制的对象；而异常原因引起的异常波动是影响产品质量特性波动的主要方面，必须对其影响因素进行仔细认真的判别、分析，并使之处于受控状态。

2. 控制图的基本形式

控制图建立在数理统计学基础上，它根据 3σ 原理，利用前期的有效数据建立质量特性值的控制界限，包括上控制界限（*UCL*）和下控制界限（*LCL*）。如果过程不受异常原因影响而产生异常波动，产品的质量将处于稳定状态，下一步过程所得到的质量检测数据将不会超出上下控制界限。控制图的基本形式如图 8–21 所示。

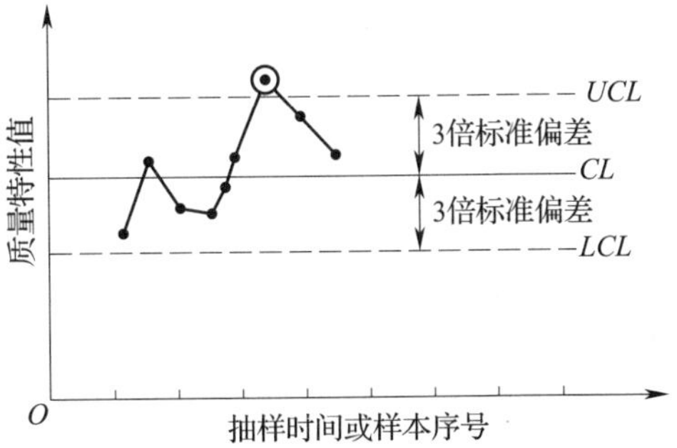

图 8–21　控制图的基本形式

3. 控制图的种类

控制图的种类很多，按数据的性质可分为计量值控制图和计数值控制图两大类。

（1）计量值控制图主要包括：平均值与极差控制图、平均值与标准偏差控制图、中位值与极差控制图、单值与移动极差控制图等。

（2）计数值控制图主要包括不合格品数控制图、不合格品率控制图、不合格数控制图、单位产品不合格数控制图等。

在所有的控制图中，最常用的是平均值与极差控制图，常用的控制图的种类、特点及其适用场合如表 8–16 所示。

表 8–16　常用的控制图的种类、特点及适用场合

类别	控制图名称	符号	特　点	适用场合
计量值控制图	平均值与极差控制图	$\overline{x}-R$	最常用，判断工序是否正常效果好，但计算量较大	适用于产品批量较大的工序
	平均值与标准偏差控制图	$\overline{x}-s$	判断工序是否正常的效果好，计算工作量大	适用于样本容量 $n>10$ 时，产品批量大的工序
	中位值与极差控制图	$\tilde{x}-R$	常用，效果稍差，计算量较小	适用于产品批量较大工序
	单值与移动极差控制图	$x-R_s$	简便省事，能及时判断工序是否处于稳定状态，但不易发现工序分布中心的变化	单因素或单数据时使用
计数值控制图	不合格品数控制图	np	较常用，计算简单，易于理解	样本容量相等
	不合格品率控制图	P	计算量大，控制线凹凸不平	样本容量不等
	不合格数控制图	c	较常用，计算简单，易于理解	样本容量相等
	单位缺陷数控制图	u	计算量大，控制线凹凸不平	样本容量不等

4. 控制图的作用

控制图是对过程进行动态控制的工具。对生产过程进行控制时，定时抽取样本，通过对样本检测所得出的质量特性值数据，在控制图上打点，点与点之间再用细实线连接起来就形成一条折线。当点子越出控制界限，或点子虽然在控制界限内，但排列存在缺陷，则说明过程出现了异常，其主要作用有：

（1）在质量诊断方面，可以用来度量过程的稳定性，即过程是否处于统计控制状态。

（2）在质量控制方面，可以用来确定何时需要对过程加以调整，何时需使过程保持相应的稳定性。

（3）在质量改进方面，可用于检查质量改进效果，检查调整后的过程是否重新处于受控状态。

5. 控制图的应用步骤

（1）选定对象。确定控制图拟控制的对象，一般都是产品质量的关键特性值，如重量、尺寸等，以及产品质量的统计数据，如不合格品数、不合格品率等。

（2）确定用图类型。选用合适的控制图种类。

（3）确定样本容量和抽样间隔。在样本内，假定波动只由偶然因素所引起。

（4）收集数据。收集记录至少 20 ~ 25 个样本数据，也可以使用前期的质量统计数据。

（5）计算。计算各个样本的统计特征值，如样本平均值、样本中位数、样本极差和样本标准差等。

（6）确定控制界限。根据样本的统计特征值，计算各控制量的上下控制界限。

（7）绘图。根据计算出的控制界限和样本数据，画出控制图。

（8）分析判断。对控制图进行研究和分析，重点是分析控制界限以外的点和在控制界限内排列有缺陷的点，由此对质量状态做出较为明确的诊断。

（9）下一步打算。根据诊断的结果决定下一步行动。

6. 控制图的计算公式

控制图的计算，主要是控制中心线和控制界限的计算。不同类型的控制图，其计算公式不同。表 8–17 和表 8–18 给出了常用的控制图的计算公式及其系数选用表。

表 8–17 常用的控制图的计算公式

类别	控制图名称	中心线	控制界限
计量值控制图	平均值 $\bar{x}$ 控制图	$\bar{\bar{x}} = \frac{\sum_{i=1}^{k} \bar{x}_i}{k}$	$\left.\begin{matrix}UCL\\LCL\end{matrix}\right\} = \bar{\bar{x}} \pm A_2 \bar{R}$
	极差 R 控制图	$\bar{R} = \frac{\sum_{i=1}^{k} R_i}{k}$	$UCL = D_4 \bar{R}$ $LCL = D_3 \bar{R}$
	中位数 $\tilde{x}$ 控制图	$\bar{\tilde{x}} = \frac{\sum_{i=1}^{k} \tilde{x}_i}{k}$	$\left.\begin{matrix}UCL\\LCL\end{matrix}\right\} = \bar{\tilde{x}} \pm m_3 A_2 \bar{R}$
	单值 x 控制图	$\bar{x} = \frac{\sum_{i=1}^{k} x_i}{k}$	$\left.\begin{matrix}UCL\\LCL\end{matrix}\right\} = \bar{x} \pm E_2 \bar{R}$
	移动极差 R_s 控制图	$\bar{R}_s = \frac{\sum_{i=1}^{k} R_{si}}{k}$	$UCL = D_4 \bar{R}_s$
计数值控制图	不合格品数控制图	$\bar{P}_n = \frac{\sum_{i=1}^{k} P_{in_i}}{k}$	$\left.\begin{matrix}UCL\\LCL\end{matrix}\right\} = \bar{P}_n \pm 3\sqrt{n\bar{p}(1-\bar{p})}$
	不合格品率控制图	$\bar{P} = \frac{\sum_{i=1}^{k} P_{in_i}}{\sum_{i=1}^{k} n_i}$	$\left.\begin{matrix}UCL\\LCL\end{matrix}\right\} = \bar{P} \pm 3\sqrt{\frac{\bar{p}(1-\bar{p})}{n_i}}$

表 8–18 常用的控制图系数选用表

样本容量（n）	2	3	4	5	6	7	8	9	10
A_2	1.88	1.02	0.73	0.58	0.48	0.42	0.37	0.34	0.31
D_3	—	—	—	—	—	0.08	0.14	0.18	0.22
D_4	3.27	2.58	2.28	2.12	2.00	1.92	1.86	1.82	1.78
m_3A_2	1.88	1.19	0.80	0.69	0.55	0.51	0.43	0.41	0.36
E_2	2.66	1.77	1.46	1.29	1.13	1.11	1.05	1.01	0.98

7. 控制图的分析与判断

应用控制图的目的，就是要及时发现过程中出现的异常，判断异常的原则就是出现了“小概率事件”。为此，判断的准则有两类：

第一类：点子越出控制界限。在稳定状态下，点子越出控制界限的概率为 0.27%。

第二类：点子虽在控制界限内，但排列的形状有缺陷。

由于控制界限为 $\mu \pm 3\sigma$，犯第一类错误的概率 α 就很小了，仅为 0.27%，但犯第二类错误的概率 β 就要增大，为了减少这种错误，即使点子都在控制界限内，也要注意其排列有无缺陷。如果有缺陷（不是随机分布），就要判作异常，看作过程已经发生了变化。

《常规控制图》GB/T 4091-2001 对控制图的评判提供了 8 种检验模式，也就是 8 种判断准则，其中准则 1 属于第一类；准则 2 ～ 8 均属于第二类。

准则 1：1 个点子落在 A 区以外（点子越出控制界限），如图 8–22 所示。

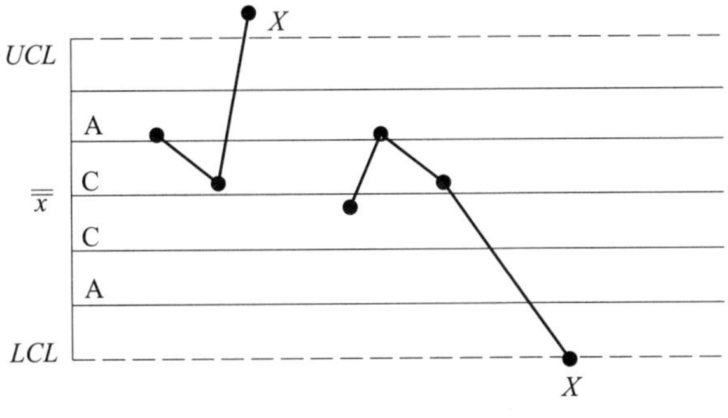

图 8–22　1 个点子落在 A 区以外

准则 2：连续 9 点落在中心线同一侧，如图 8–23 所示。

准则 3：连续 6 点递增或递减，如图 8–24 所示。

准则 4：连续 14 点中相邻点总是上下交替，如图 8–25 所示。

准则 5：连续 3 点中有 2 点落在中心线同一侧的 B 区以外，如图 8–26 所示。

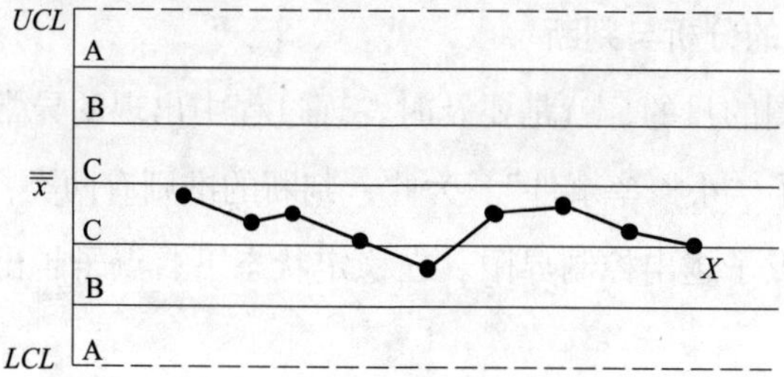

图 8-23　连续 9 点落在中心线同一侧

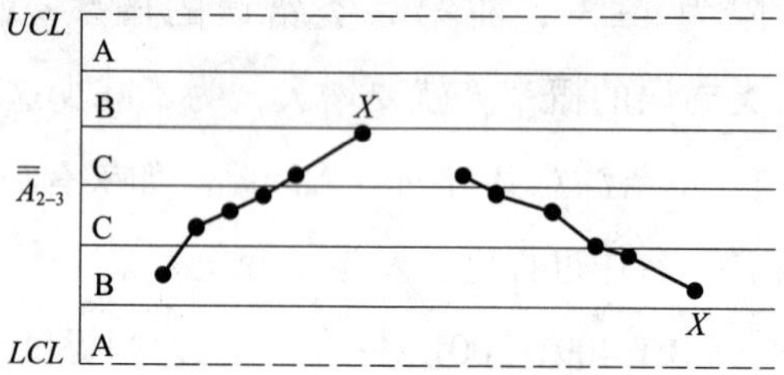

图 8-24　连续 6 点递增或递减

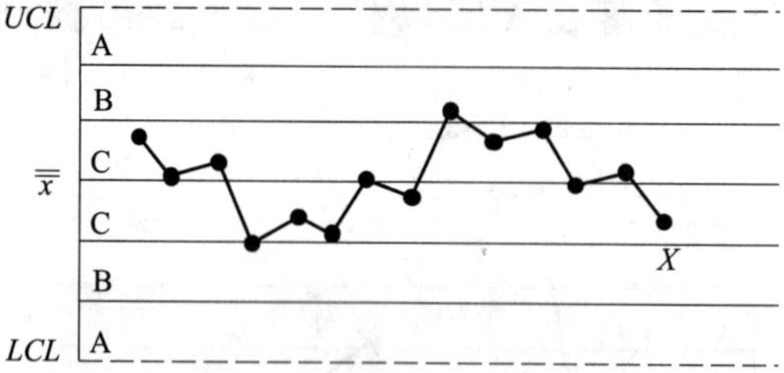

图 8-25　连续 14 点中相邻点交替上下

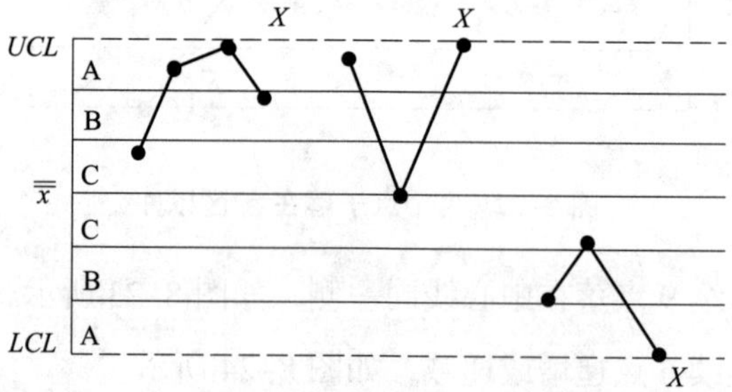

图 8-26　连续 3 点中有 2 点落在中心线同一侧的 B 区以外

准则 6：连续 5 点中有 4 点落在中心线同一侧的 C 区以外，如图 8-27 所示。

准则 7：连续 15 点落在中心线两侧的 C 区内，如图 8-28 所示。

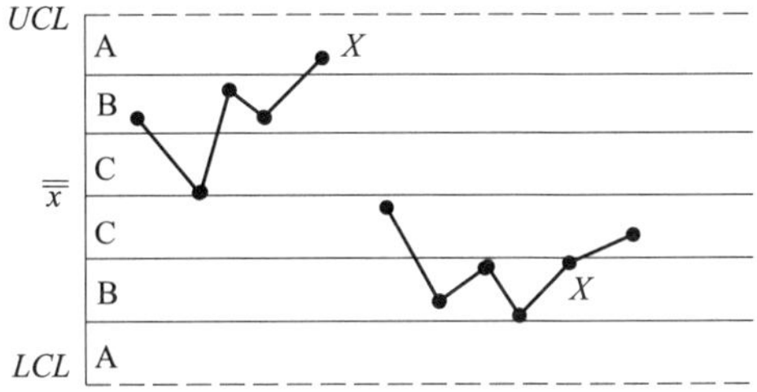

图 8-27　连续 5 点中有 4 点落在中心线同一侧的 C 区以外

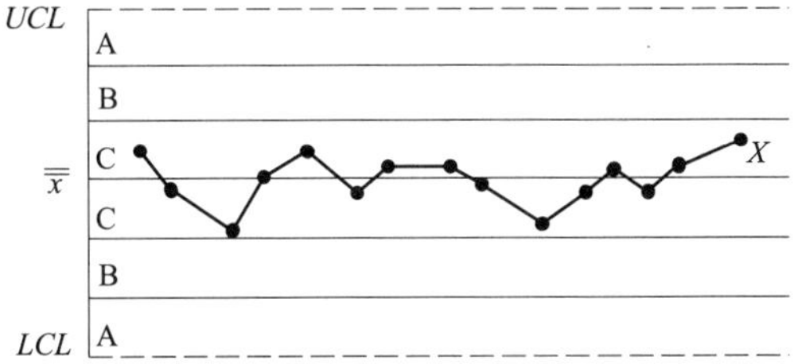

图 8-28　连续 15 点落在中心线两侧的 C 区内

准则 8：连续 8 点落在中心线两侧且无 1 点在 C 区内，如图 8-29 所示。

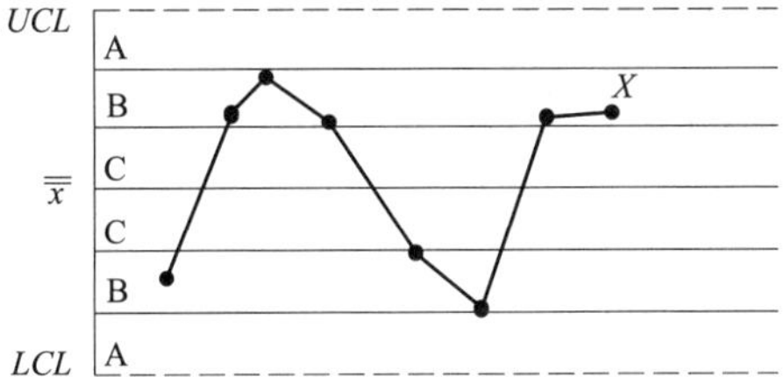

图 8-29　连续 8 点落在中心线两侧且无 1 点在 C 区内

8. 控制图的应用举例

控制图在建筑施工领域质量管理上应用非常广泛，在此只对 $\overline{x}-R$ 控制图和 $x-R_s$ 控制图的应用举例介绍。

（1）$\overline{x}-R$ 控制图的实例。

某建筑工程公司在浇筑混凝土时，为了保证混凝土的强度，采用了 $\overline{x}-R$ 控制图对工序质量进行管理和分析。

1）收集数据。共收集了 20 组（k=20），每组 5 个数据（n=5），列于表 8-19 中。

表 8–19　混凝土抗压强度数据表

样本组号	混凝土抗压强度 /MPa					$\overline{x}_i$	极差 R_i
	x_1	x_2	x_3	x_4	x_5		
1	29.4	27.3	28.2	27.1	28.3	28.06	2.3
2	28.5	28.9	28.3	29.9	29.0	28.72	1.9
3	28.9	27.9	28.1	28.3	28.9	28.42	1.0
4	28.3	27.8	27.5	28.4	27.9	27.98	0.9
5	28.8	27.1	27.9	27.9	28.0	27.78	1.6
6	28.5	28.6	28.3	28.9	28.8	28.60	0.6
7	28.5	29.1	28.4	29.0	28.6	28.72	0.7
8	28.9	27.9	27.8	28.6	28.4	28.32	1.0
9	28.5	29.2	29.0	29.1	28.0	28.76	1.2
10	28.5	28.9	27.7	27.9	27.7	28.14	1.2
11	29.1	29.0	28.7	27.6	28.3	28.54	1.5
12	28.3	28.6	28.0	28.3	28.5	28.34	0.5
13	28.5	28.7	28.3	28.3	28.7	28.50	0.4
14	28.3	29.1	28.5	27.7	29.3	28.58	1.6
15	28.2	28.3	27.8	28.1	28.4	28.28	1.0
16	28.9	28.1	27.3	27.5	28.4	28.04	1.6
17	28.4	29.0	28.9	28.3	28.5	28.64	0.7
18	27.7	28.7	27.7	29.0	29.4	28.50	1.7
19	29.3	28.1	29.7	28.5	28.9	28.90	1.6
20	27.0	28.2	28.1	29.4	27.9	28.64	1.5

制表人：×××　　　　　　　　　　　　制表时间：×××× 年 ×× 月 ×× 日

2）数据计算。

①中心线（CL）的计算。

$\overline{x}$为样本平均值和 R 为样本极差。

根据公式$\overline{x}_i=\dfrac{\sum x_{ij}}{n}$，其中，$i$=1，2，…，20；$j$=1，2，…，5，公式$R_i=x_{i\max}-x_{i\min}$，其中，$i$=1，2，…，20，分别计算。

$\overline{\overline{x}}$为样本平均值的平均值和$\overline{R}$为样本极差的平均值。

$$\overline{\overline{x}}=\frac{\sum\overline{x}_i}{k}=\frac{568.48}{20}=28.42$$

$$\overline{R}=\frac{\sum R_i}{k}=\frac{24.6}{20}=1.23$$

$\overline{x}$ 控制图的 CL 计算：$CL=\overline{\overline{x}}=28.42$

R 控制图的 CL 计算：$CL=\overline{R}=1.23$

②上控制线（UCL）和下控制线（LCL）的计算。

$\overline{x}$ 控制图的 UCL 和 LCL 计算：

$$UCL=\overline{\overline{x}}+A_2\overline{R}=28.42+0.58\times1.23=29.13$$

$$LCL=\overline{\overline{x}}-A_2\overline{R}=28.42-0.58\times1.23=27.71$$

R 控制图的 UCL 和 LCL 计算：

$$UCL=D_4\overline{R}=2.12\times1.23=2.61$$

LCL 在 $n\leqslant6$ 时可以不考虑。

3）控制图绘制。该控制图的绘制可以分四步完成。第一步：按比例画出 $\overline{x}$ 图和 R 图的横坐标和纵坐标；第二步根据计算值画出 $\overline{x}$ 图和 R 图的中心线和上下控制线；第三步根据计算出的 $\overline{x}$ 值和 R 值在控制图上画点并连线；第四步是标注控制图。本例的控制图如图 8–30 所示。

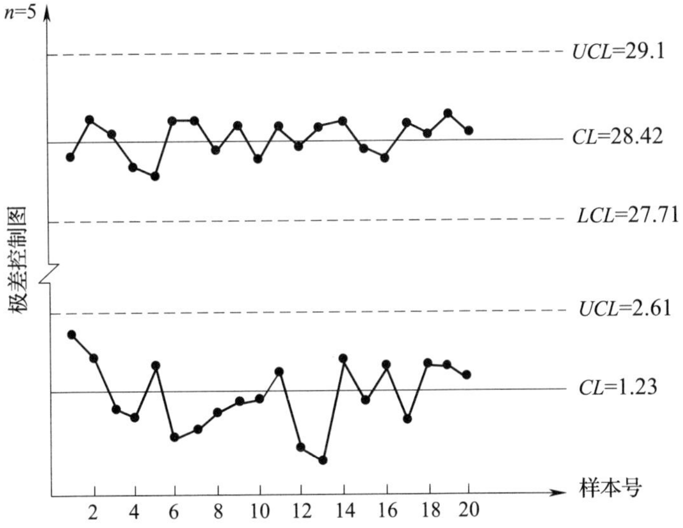

制图人：×××　　　　制图时间：××××年××月××日

图 8–30　混凝土抗压强度 $\overline{x}$–R 控制图

4）控制图分析。控制图中没有出现越出控制界线的点，也未出现点排列有缺陷的现象，说明该工序运行状态良好，工序质量处于稳定状态。

（2）x–R_s 控制图的实例。

某混凝土搅拌站为了保证混凝土的坍落度强度，采用了 x–R_s 控制图对工序质量进行管理和控制。

1）收集数据。对混凝土的坍落度共测量了 20 个数据，整理后列于表 8–20 中。

表 8–20　混凝土坍落度测量值及 R_s

样本号	坍落度 /cm	R_s	样本号	坍落度 /cm	R_s
1	7.9	—	11	7.4	0.4
2	7.5	0.4	12	7.7	0.3
3	7.1	0.4	13	6.8	0.9
4	6.8	0.3	14	6.4	0.4
5	6.3	0.5	15	6.0	0.4
6	6.0	0.3	16	5.8	0.2
7	6.2	0.2	17	6.1	0.3
8	6.7	0.5	18	6.3	0.2
9	6.9	0.2	19	6.6	0.3
10	7.0	0.1	20	7.1	0.5

制表人：× × ×　　　　制表时间：× × × × 年 × × 月 × × 日

2）数据计算。

平均值的计算：

$$\bar{x} = \frac{\sum x_i}{k} = \frac{134.6}{20} = 6.73$$

$$\bar{R}_s = \frac{\sum R_{si}}{k-1} = \frac{6.8}{20-1} = 0.358$$

X 控制图的计算：

$$CL = \bar{x} = 6.73$$

$$UCL = \bar{x} + E_2\,\bar{R}_s = 6.73 + 2.66 \times 0.358 = 7.68$$

$$LCL = \overline{x} + E_2 \overline{R}_s = 6.73 - 2.66 \times 0.358 = 5.78$$

R_s 控制图的计算：

$$CL = \overline{R}_s = 0.358$$

$$UCL = D_4 \overline{R}_s = 3.27 \times 0.358 = 1.17$$

R_s 控制图的控制下界限可以不考虑。

3）控制图绘制。根据计算的结果按步骤绘出混凝土坍落度 x–R_s 控制图，如图 8–31 所示。

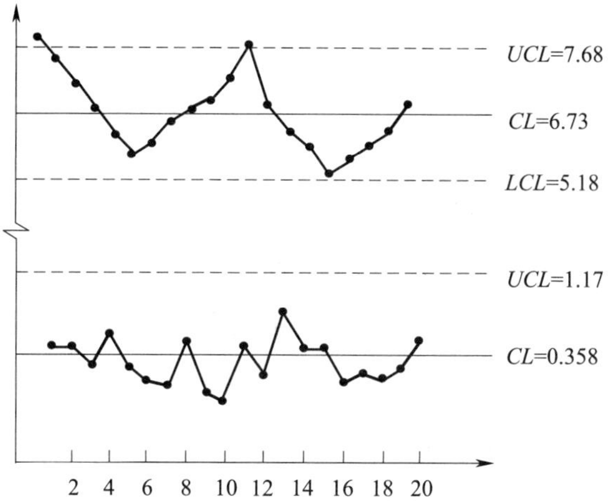

制图人：××× 制图时间：××××年××月××日

图 8–31 混凝土坍落度 x–R_s 控制图

4）控制图分析。从控制图上可以看出，第一点和第十二点越出控制界限，应当剔除。剔除该两点后的平均值和控制上、下限分别为：

$$\overline{x} = \frac{1}{20-2}(20 \times 6.73 - 7.9 - 7.7) = 6.61$$

$$UCL = \overline{x} + E_2 \overline{R}_s = 6.61 + 2.66 \times 0.361 = 7.57$$

$$LCL = \overline{x} - E_2 \overline{R}_s = 6.61 - 2.66 \times 0.361 = 5.65$$

如果修订后的控制上、下限满足工序的质量要求（技术规范），该控制图可以作为今后质量控制的标准。

第四节　头脑风暴法及亲和图

一、头脑风暴法

1. 头脑风暴法的概念

头脑风暴法，又叫畅谈法、集思法，是采用会议的方式，引导每个成员都围绕会议某个中心议题（如质量问题），广开言路，激发灵感，在自己的头脑中掀起风暴，畅所欲言地发表独立见解的一种创造性思维的方法。

2. 头脑风暴法的用途

头脑风暴法可以用来识别存在的质量问题并寻求其解决的办法，还可以用来识别质量改进的机会，在质量管理小组活动中的用途很广。在选题、原因分析、提出对策等程序中，都可应用这种方法。使用头脑风暴法，可引导小组成员创造性地思考，达到广泛提出各种观点、问题、方案和课题的目的。

3. 头脑风暴法的应用步骤

（1）准备阶段。

确定头脑风暴会议的组织者，明确会议的议题和目的，并做好必要的准备工作。应用头脑风暴法的目的，在于为与会者创造一个激发思想火花的氛围，让与会者都能积极发表自己的意见和看法，做到“知无不言，言无不尽”。会议必要的准备包括准备会场、安排时间以及有关会议内容的说明资料等。

（2）引发和产生创造思维的阶段。

质量管理的领导者、推进者、质量管理小组组长等会议的组织者，应熟悉头脑风暴法的意义、实质和做法，组织与会者讨论、产生创造性思维。在这一阶段，要注意下列几点：

1）与会者都是平等的，无领导和被领导之分。

2）与会成员依次发表意见。

3）成员可以互相补充各自的观点，但不要评论，更不能批驳别人的观点；创意或发言内容的正误、好坏不要去批评。创意或意见被批评，与会者就不愿提意见了。如有批评者，组织者要暗示制止。

4）要当场把每个人的意见观点记录下来。

5）持续到无人发表意见为止。

6）将每个人的意见重复一遍。

（3）整理阶段。

将每个人的意见重复一遍，以使每个成员都知道全部观点的内容；去掉重复的、无关的观点，对各种见解进行评价、论证；最后进行集思广益，按问题进行归纳。

评价、论证、归纳要注意以下几点：

1）是否还有另外更好的方法；

2）是否可借用过去相似的创意；

3）是否可以变更；

4）是否可以替代。

由头脑风暴法所产生的各种意见、观点和想法等通常可采用亲和图、系统图归纳、整理。

4. 应用头脑风暴应注意的问题

（1）绝对不用好与差给予评判。

（2）倡导自由奔放。

（3）轻质求量。

（4）综合提炼、升华他人的提案意见。

5. 头脑风暴法应用案例

以红砖的用途为例开展头脑风暴。红砖是建筑材料，一般的用途基本在建筑施工方面，如盖房子、垒墙、铺地等，如果用头脑风暴法，充分打开思路，不局限于建筑材料，就可以充分扩展其用途，可以盘炕、垒鸡窝、垒花架；可以当家具用品，如当枕头、凳子、小桌子、支撑腿（垫床板）等；可以作为工具，如砸核桃、打狗、钉钉子、挡门、挡汽车轮子等；还可以作为健身器材，如举重、垫腿、投掷、气功（切砖、拍头）等；甚至可以砸碎泡水做涂料、砸碎块在地上写字、雕刻工艺品、镇纸、配重、做吊坠等。可见，通过头脑风暴法，红砖用途可以得到无限扩展。

二、亲和图

1. 亲和图的概念

亲和图（affinity diagram）也称 A 型图解法。它是把收集到的有关某一特定主题的意见、观点、想法和问题归纳、整理，按它们间的相互亲近程度加以整理、归类、汇总的一种图示技术。在质量管理小组活动中，亲和图常用于归纳、整理由头脑风暴法和“诸葛亮会”所产生的各种意见、观点和想法等语言资料。

亲和图的一般形式如图 8-32 所示。

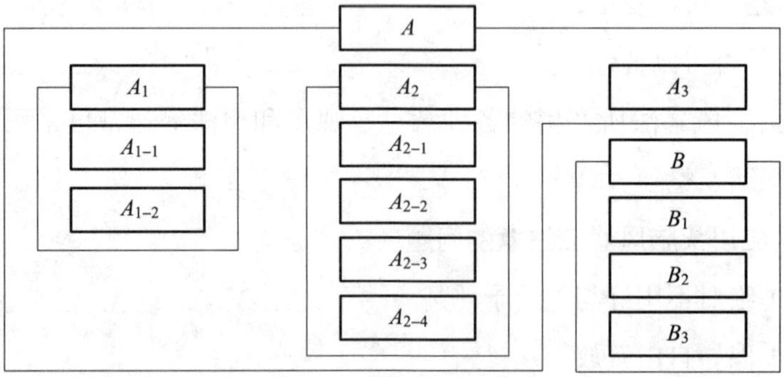

图 8-32　亲和图的一般形式

2. 亲和图的用途

（1）制定和贯彻企业的方针和目标。

（2）构思和制定解决某一个质量或其他问题方案和行动计划。

（3）统一和协调不同部门的意见和工作。

（4）制定新技术和新产品开发方案。

（5）市场开发与预测。

3. 亲和图的应用步骤

（1）确定小组讨论研究的质量问题。

（2）召开“诸葛亮会”，利用头脑风暴法对问题进行讨论。

（3）记录和收集小组成员的意见、观点和想法。

（4）汇总、整理、分类小组成员的意见、观点和想法。

（5）画出亲和图。

（6）根据绘制的亲和图，写出分析报告。

4. 亲和图的应用举例

【例 8-4】以上述红砖的用途为例，绘制亲和图，如图 8-33 所示。

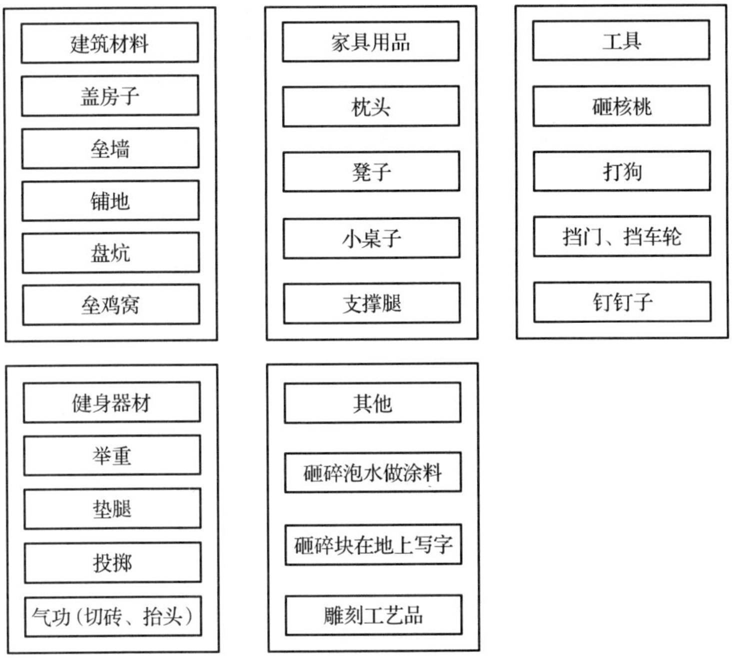

制图人：×××　　　　制图时间：××××年××月××日

图 8-33　红砖用途亲和图

【例 8–5】图 8–34 为某质量管理小组成员针对 100m 高异型塔塔身结构施工从“垂直运输系统”及“外支模系统”提出的施工方案，经过归纳整理的亲和图。

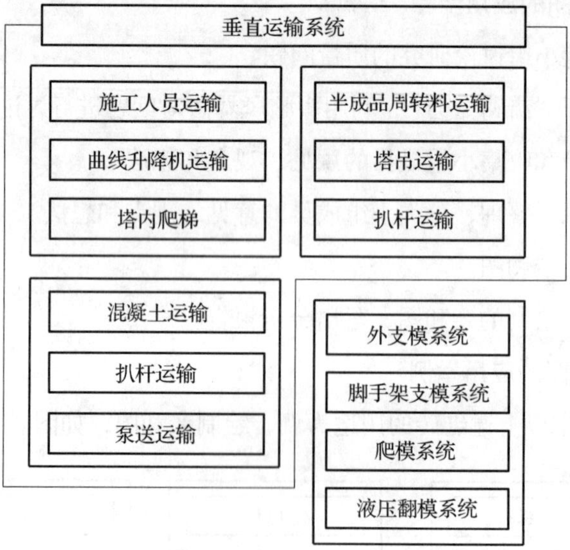

制图人：××× 制图时间：××××年××月××日

图 8–34 100m 高异型塔塔身结构施工方案亲和图

第五节 PDPC 法及矢线图

一、PDPC 法

1. PDPC 法的概念

PDPC 法（process decision program chart），又称为过程决策程序图法，源于运筹学和系统理论的思想方法，是指为实现某一目的进行多方案设计，以应对实施过程中产生的一些新的问题的方法。在动态实施过程中，随着事态发展所产生的各种结果及时调整方案，运用预先安排好的程序来保证达到预期结果和目的。质量管理小组在实施过程中可使用它辅助实现对策目标，也可用它在构思新的设计方案时优化方案。PDPC 法具有掌握全局，动态管理，兼具预见性与临时应变性，提高目标的达成率，具有可追溯性，使参与人员的构想、创意得以充分发挥等基本特征。

PDPC 法一般分为两种思维法，即顺向思维法和逆向思维法。

（1）顺向思维法。顺向思维法是定好一个理想的目标，然后按照顺序考虑实现目标的手段和方法。这个目标可以是比较大的工程（产品）、一项具体的革新、一个技术改造方案等，为了稳步达到目标，需要设想很多条线路。总之，无论怎么走一定要走到目的地。但行走的方案，并不需要真正等到碰得头破血流以后才去解决，事先预测所有可能出现的问题，确保计划得到顺利实施。

（2）逆向思维法。当 Z 为理想状态（或非理想状态）时，从 Z 出发，逆向而上，从大量的观点中展开构思，使其和初始状态 A_0 连接起来，详细研究其过程做出决策，这就是逆向思维法（见图 8–35）。逆向思维应该考虑从理想状态开始，实现目标的前提是什么，为了满足这个前提又应该具备什么条件，一步一步倒推，一直推到出发点。

通过正反两个方面的连接，倒着走得通，顺着也可以走通，这就是 PDPC 法的正确的思考方法。

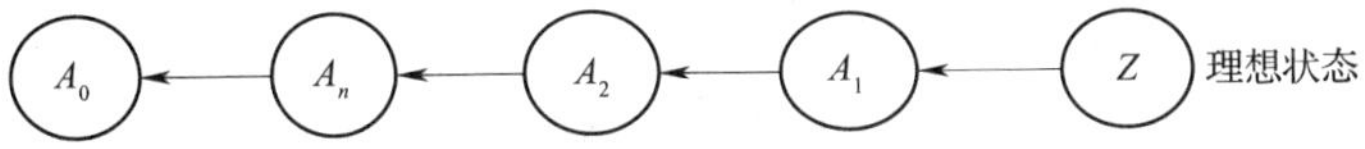

图 8–35　逆向思维的 PDPC 法

2. PDPC 法的基本形式

PDPC 法的基本形式如图 8–36 所示。

A_0 表示初始状态，Z 表示目的，A_0 与 Z 之间是几种不同的方案设计。从初始状态 A_0 开始，实施 $A_1 \rightarrow A_2 \rightarrow A_3 \rightarrow A_4 \rightarrow \cdots \rightarrow A_n$ 来实现目的是最佳的方案，但预计 A_2 项目实施的把握性不大，如果实施不顺利则改用 $B_1 \rightarrow B_2 \rightarrow B_3 \rightarrow B_4 \rightarrow \cdots \rightarrow B_n$ 这一方案。假如工作刚开始到 A_1 时就受到严

重阻碍，则只有使用 $C_1 \to C_2 \to C_3 \to C_4 \to \cdots \to C_n$ 这一方案，此方案虽不如前两个方案，但也还是能够达到目的。在这一方案的实施中，一旦 C_3 受阻，则从 C_3 转入 $D_1 \to D_2 \to D_3 \to D_4 \to \cdots \to D_n$ 这一方案，也是能够实现目的的。

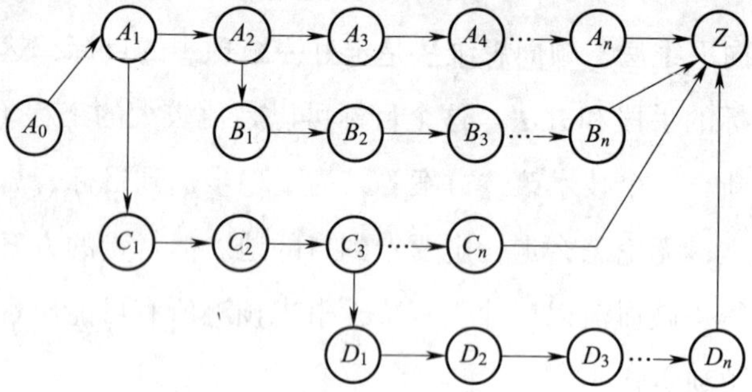

图 8-36　PDPC 法的基本形式

3. PDPC 法的主要用途

PDPC 法的用途广泛，从乘车、购物到国家发展计划的实施；从医生做手术到军事战术方案的制定，都可以采用这种方法做预先的准备。

（1）方针目标管理中实施项目的计划拟订。

（2）新产品、新技术开发的计划决定。

（3）施工组织设计方案的拟订。

（4）制定攻关课题的实施方案。

（5）制造中不良现象的防止及对策拟订。

（6）组织均衡生产。

（7）组织材料供应。

（8）重大事故预测及防止。

（9）制定双边或多边谈判方案。

4. PDPC 法的应用步骤

（1）确定所要解决的课题，提出实现目标值。

（2）提出达到理想状态的手段、措施实施方案。

（3）对提出的措施，逐项进行可行性分析，充分预测可能的结果及遇到困难时应采取的新的可行性措施和方案。

（4）综合考虑时间顺序、经济性、可靠性、难易程度和效果等方面，对各种方案进行优选、排队。

（5）按照基本图形的模式安排过程决策程序方案。

（6）落实实施的保证措施，明确责任者、信息传递方式和资源配置。

（7）根据实施过程动态情况调整方案，不断修订 PDPC 图。

5. PDPC 法的应用举例

【例 8–6】某建筑公司设备维修质量管理小组制定的减少设备停机影响、保证均衡生产用 PDPC 法来指导实施工作，如图 8–37 所示。

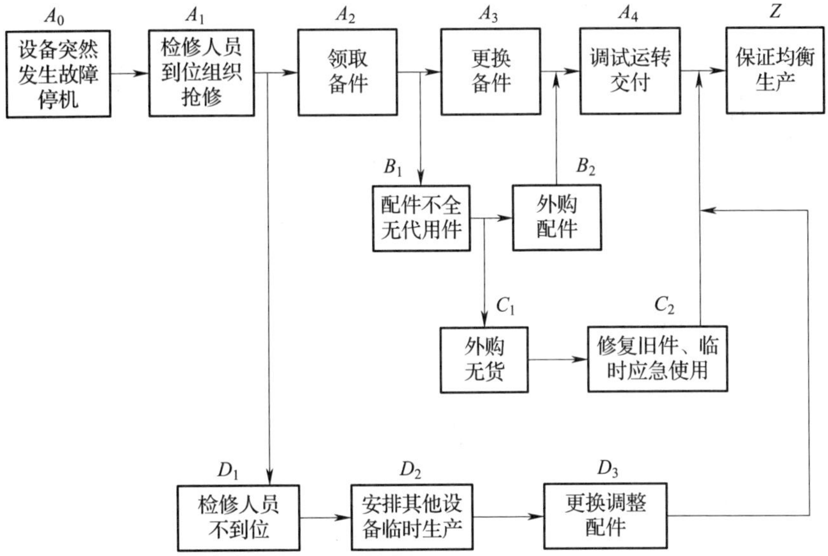

制图人：× × ×　　　　制表时间：× × × × 年 × × 月 × × 日

图 8–37　已敷设线缆部位整改的 PDPC 图

从图 8–37 中可以看出，从 A_0~Z 考虑到急修过程中可能出现的问题预先设计了四条路线，即：

第一条路线：

$A_0 \to A_1 \to A_2 \to A_3 \to A_4 \to Z$

第二条路线：

$A_0 \to A_1 \to A_2 \to B_1 \to B_2 \to A_4 \to Z$

第三条路线：

$A_0 \to A_1 \to A_2 \to B_1 \to C_1 \to C_2 \to Z$

第四条路线：

$A_0 \to A_1 \to D_1 \to D_2 \to D_3 \to Z$

最理想的路线：第一条路线；

当备件库无此备件时：第二条路线；

当备件市场无货时：第三条路线；

当检修人员不在时：第四条路线。

6. PDPC 法的应用注意事项

（1）PDPC 法无论是正向构思还是反向构思，都是用“否定式”提问法完善和优化程序。

（2）最终实现理想目的，只实施一个方案。正向构思动态管理时，是实施一个可行方案，反向构思完善思维时，是实施最后一个最优方案。

（3）必须以动态发展所产生的结果来调整动态管理的 PDPC 方案。

（4）使用 PDPC 方案进行动态管理时，应做好各种方案的资源配置，力争实现第一方案。

（5）课题组长应始终在指挥位置上组织方案的实施。

二、矢线图

1. 矢线图的概念

矢线图（arrow diagram），又叫箭条图、网络图或双代号网络计划图，是用网络的形式来安排一项工程的日历进度，说明其作业、工序之间的关系，计算作业时间和确定关键作业路线，建立最佳日程计划，高效率地管理作业进度的一种方法。矢线图源于统筹法的网络计划技术，是为克服进度计划横道图（甘特图）在计划安排上的不足而发展起来的一种图示技术。运用矢线图可以清楚地展示各项作业、工序能否如期完成，对整体计划进度的影响程度，有利于从全局出发、统筹安排、抓住关键线路，集中力量，按时或提前完成计划。

矢线图的实质是项目或产品的时间作业计划，使用矢线图的目的是计算作业时间和确定关键作业路线。

2. 矢线图的一般形式

矢线图由节点、矢线和必要的标注组成，其一般形式如图 8–38 所示。

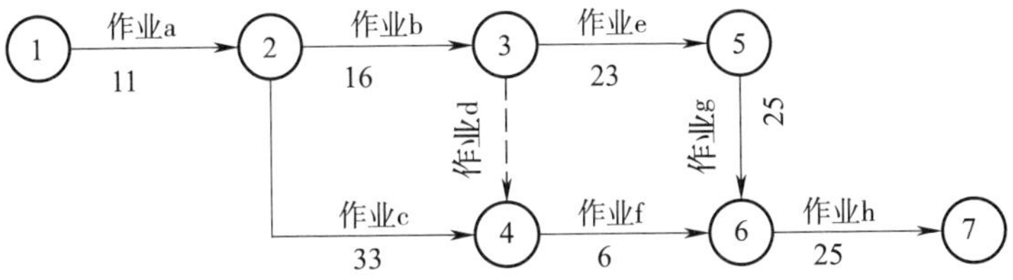

图 8–38　矢线图的一般形式

（1）节点。表示一个事件，是一个工序或若干个工序的开始或结束，是与相邻工序在时间上的分界点。结点用圆圈表示，圆圈里的数字表示结点的编号。

（2）矢线。表示上个作业或工序，矢线箭尾表示作业开始，箭头表示作业完工。实矢线表示确实存在的作业或工序；虚矢线表示实际不存在的虚拟作业或工序；粗实矢线表示它要用去最多的时间，是整个工程（产品）的关键线路。

（3）标注。标注指的是在箭条线上、下的标注内容。一般作业名和作业代号标注在矢线的上方（或左侧），作业时间标注在矢线的下方（或右侧）。

3. 矢线图的应用步骤

（1）确定目标和约束条件。确定要完成的目标（如应完成的项目与工期）以及资源、环境等约束条件。

（2）项目分解。将整个项目用系统方法逐层分解，直到可以实施管理的子项目为止。

（3）编制作业一览表。根据项目分解得出的子项目，编制作业一览表。

（4）确定作业顺序。按照技术要求和资源条件的许可，确定各个作业之间的先后次序，由小到大进行编号。

（5）绘制矢线图。根据作业一览表和作业顺序，绘制矢线图。

（6）矢线图的计算。矢线图的计算主要是时间的计算，包括最早开工时间（*ES*）、最早完工时间（*EF*）、最晚开工时间（*LS*）、最晚完工时间（*LF*）和自由时差（T_S）等。计算的目的是确定关键路线和进行日历进度的优化。

1）最早开工时间（*ES*）和最早完工时间（*EF*）。最早开工时间（*ES*）和最早完工时间（*EF*）的计算，从网络图的出发点开始，由于任一个工序只有当其所有紧前工序结束之后才能开始，所以，任一工序的最早开工时间（*ES*）等于该工序所有紧前工序的最早结束时间中的最后的时间。而任一工序的最早完工时间（*EF*）等于最早开工时间（*ES*）与工序时间（*t*）的和，即：

$$EF=ES+t$$

2）最晚开工时间（*LS*）、最晚完工时间（*LF*）。最晚开工时间（*LS*）和最晚完工时间（*LF*）的计算，从网络图的结束点开始，其前提是不影响整个工程最早结束时间，任一工序的最晚完工时间（*LF*）等于其所有紧后工序最晚开始时间中的最早时间。而任一工序的最晚开工时间（*LS*）等于最晚完工时间（*LF*）与工序时间（*t*）的差，即：

$$LS=LF-t$$

3）自由时差（T_S）。

工序的自由时差（T_S）是指在不影响工程最早结束的前提下，其最早开工时间（*ES*）和最早完工时间（*EF*）可以推迟的时间，即：

$$T_S=LS-ES=LF-EF$$

4）关键线路。关键线路就是矢线图中用时最长的线路。关键线路上的工序称为关键工序，同时，关键工序也必然是时差为零的工序。也可以先确定关键工序，关键工序组成的线路就是关键线路。

表 8–21 是根据图 8–38 进行计算得到的，从表中可以看出，a、b、e、g、h 是关键工序，a→b→e→g→h 是关键线路。

表 8–21 网络时间计划表

工序	作业时间	紧前工序	紧后工序	最早开工时间	最晚开工时间	最早完成时间	最晚完成时间	时差	是否关键工序
a	11	—	b，c	0	0	11	11	0	是
b	16	a	e，d	11	11	27	27	0	是
c	33	a	f	11	36	44	69	25	否
d	0	b	f	27	69	27	69	42	否
e	23	b	g	27	27	50	50	0	是
f	6	c，d	h	44	69	50	75	25	否
g	25	e	h	50	50	75	75	0	是
h	25	f，g	—	75	75	100	100	0	是

制表人：×××　　　　制表时间：××××年××月××日

第六节 矩 阵 图

一、矩阵图的概念

矩阵图（matrix chart）是以矩阵的形式分析问题与因素、因素与因素、现象与因素间相互关系的图形。即从问题事项中，找出成对的因素群，分别排列成行和列，找出行与列的关系或相关程度的大小，探讨问题点。一般是把问题、因素、现象放在图中的行或列的位置，而把它们之间的相互关系放在行和列的交点处，并用不同符号表示出它们的相关程度。

常用的相关程度的符号有三种：

◎表示强相关；○表示弱相关；△表示不相关。

矩阵图的主要特点是：在短时间内获得有关构想和资料；能使因素的关系明确化，可以一眼就掌握整体的构成情形。

二、矩阵图的分类

矩阵图大体分为 L 型、T 型、Y 型、X 型、C 型和 P 型六种，其中 L 型是基本型，其他都是在 L 型基础上进行的叠加和组合。在质量管理和质量管理小组活动中使用最多的是 L 型和 T 型。

1. L 型矩阵图

L 型矩阵图是矩阵图中的最基本的形式。一般是将两个对应事项 L 与 R 的元素，分别按行和列排列而成一个矩阵，并在行列的交叉点上标明 L 与 R 元素间的关系，如图 8–39 所示。

元素		R_1	R_2	R_3	R_4	R_5	R_6	R_7	R_8	…
L	L_1				○				○	
	L_2			◎			◎			
	L_3				◎			○		
	…						○			

图 8–39　L 型矩阵图的基本形式

L 型矩阵图常用于分析若干个目的（或问题）与为实现这些目的（问题）的若干个手段（原因）之间的关系。

2. T 型矩阵图

T 型矩阵图是由两个 L 型矩阵图组合而成的，通常其中一个是现象与原因的 L 型矩阵图，一个是原因与要素的 L 型矩阵图，因而常用于分析现象、原因与现象间的关系，如图 8–40 所示。

…		○							
现象2			○	◎	◎	○		◎	
现象1						○	○		○
现象 / 工序	原因	原因1	原因2	原因3	原因4	原因5	原因6	原因7	……
工序A	要素A_1			◎	◎				○
	要素A_2	◎	◎	◎			○	◎	
	……								
工序B	要素B_1			◎					
	要素B_2		○	◎	○		◎		◎
	……								
工序C	要素C_1	○							
	要素C_2	○			○			◎	
	……								

图 8–40　T 型矩阵图的基本形式

三、矩阵图的用途

（1）研究和制定企业的发展战略、方针目标及质量计划等。

（2）寻找和发现产品质量问题与材料、设备、工艺、人员、环境等之间的关系。

（3）研究和确定产品质量与各管理、职能部门的工作质量间的关系。

（4）研究和确定市场及用户对产品质量的要求与企业的管理与工序项目之间的关系。

（5）寻找和发现产品质量改进的着眼点。

四、矩阵图的应用步骤

（1）确定事项，如性能 – 原因，或特性 – 影响因素等。

（2）选择矩阵图的类型。

（3）选择各事项的相关因素，按照重要程度或发生频率大小等顺序填写到相应的各栏中。

（4）分析各元素间的关联关系。分别确定两栏间对应两项内容的关联关系，并根据关联的强弱程度，用符合标记在相应的交叉点上。

（5）确认关联关系。分别以每栏元素为基础，将其与其他项目的关联关系及符号加以确认。

（6）评价重要程度。对各交叉点标记关联符号所表示的强弱程度分别打分，例如◎为 5 分，○为 3 分，△为 1 分。按行和列统计总分，以各栏每项内容得分作为其重要程度的定量评价，进而给予各个项目以总评价。这种方法适合根据积分来评价重要程度和优先程度的场合。

五、矩阵图应用举例

某质量管理小组在对策评价时利用 L 型矩阵图进行分析比较，以确定最佳对策，如表 8–22 所示。

表 8–22　主要原因对策分析评价表

要因	对策方案	评估				综合得分	选定对策
		有效性	可实施	经济性	安全性		
水枪覆盖面少	1. 改造分离池结构，增加水枪冲刷能力	◎	◎	○	◎	18	选
	2. 改用消防水枪	○	◎	○	△	12	不选
格栅设置不合理	1. 采用挖机清理格栅前垃圾	△	◎	◎	△	12	不选
	2. 增加格栅过水断面	◎	◎	○	○	16	选
	3. 增加竖向格栅拦截道数	○	○	◎	○	14	不选
泥浆沉淀快	1. 采用挖机和运输车及时清理外运	○	○	○	○	12	不选
	2. 增加泥浆的流动性	◎	◎	○	○	16	选

注：◎ 5 分；○ 3 分；△ 1 分。

制表人：×××　　　　制表时间：××××年××月××日

分析：小组成员应用L型矩阵图编制了主要原因对策分析评价表，针对主要原因水枪覆盖面少提出了2个对策，针对格栅设置不合理提出了3个对策，针对泥浆沉淀快提出了2个对策，通过有效性、可实施、经济性、安全性四个方面的评估，确定首选及不选对策。

第七节　其他常用统计方法

一、水平对比法

1. 水平对比法的概念

水平对比法，又称为标杆法，是组织将自己的产品和服务的过程或性能与公认的领先对手进行比较，以识别质量改进机会的方法，是组织为了进行改进，而针对一些认定为最佳作业典范，以持续的、系统化的过程，评估其产品、服务和工作流程。根据水平对比法使用的频率不同，可分为三类：单独的、定期的和连续的。

2. 水平对比法的用途

使用水平对比法有助于认清目标和确定计划编制的优先顺序，以使自己在市场竞争中处于有利地位。

3. 水平对比法的应用步骤

（1）选择用来进行水平比较的项目。明确自己的产品或服务的过程或性能在哪些方面与领先对手相比，在满足顾客需求方面存在着差距，将其作为进行水平比较的项目。

选择项目时应注意，用来进行水平比较的项目应是影响产品或服务的关键特性；选择的项目不能过于庞大，不然会导致最后无法实施。

（2）确定对比的对象。选择的项目或课题确定后，要选择领先对手，对手可能是竞争对手，也可能不是竞争对手，但其有关项目、指标是公认的领先水平的组织。

（3）收集数据。可通过直接接触、考察、访问、人员调查或公开刊物等途径获取有关工程性能数据和顾客需求的数据。需要时，可以组织小组开展活动，要让小组成员都清楚自己的任务。

（4）归纳对比分析数据。将获得的数据进行分析对比，以明确与领先者的差距，针对有关项目制定最佳的实践目标。

（5）实施改进。根据顾客的需求和领先者的绩效，确定质量改进的机会，制定实施追赶计划并予以实施。

4. 水平对比法的应用举例

某项目施工的体育场，看台面层表观质量合格率仅为 80%。为了明确改进目标和方向，该项目利用水平对比法与同行业其他企业包括标杆企业施工的三个体育场进行了调查对比，得到同行业平均水平及标杆企业的合格率指标，如表 8–23 所示。通过对比，进一步明确了改进方向，并实施了改进措施予以追赶。

表 8–23　体育场看台面层表观质量合格率水平对比表

序号	体育场名称	检查点 / 个	合格点 / 个	缺陷点 / 个	合格率 /%
1	本项目施工的体育场	100	80	20	80.0
2	A 企业施工的体育场	100	93	7	93.0
3	B 企业施工的体育场	100	90	10	90.0
4	C 企业施工的体育场	100	88	12	88.0
5	合计	400	351	49	87.75

制表人：× × ×　　　　制表时间：× × × × 年 × × 月 × × 日

二、流程图

1. 流程图的概念

流程图（flow chart）是将完成一个过程（如工艺过程、采购过程、试验过程、质量改进过程等）的步骤用图的形式表示出来，通过对一个过程中各步骤之间关系的研究，发现故障的潜在原因，制定措施予以改进。

2. 流程图的一般形式

流程图由一系列容易识别的标志构成，一般使用的标志如图 8–41 所示。

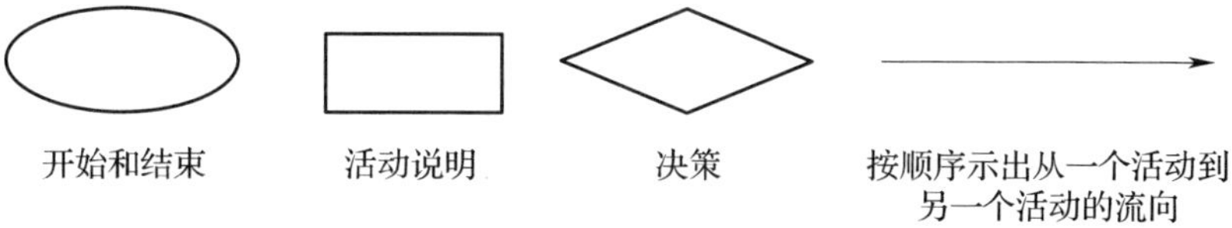

图 8–41　流程图标志

3. 流程图的制图步骤

（1）描述和分析现有过程的流程图步骤如下：

1）判别过程的开始和结束。

2）观察从开始到结束的整个过程。

3）规定该过程的程序（输入、活动、判断、决定、输出）。

4）画出表示该过程的流程草图。

5）与该过程所涉及的人员共同评审该流程草图。

6）根据评审结果改进流程草图。

7）与实际过程比较，验证改进后的流程图。

8）注明正式流程图的形成日期，以备将来使用和参考（可用于过程实际运行的记录，亦可用于判别质量改进的时机）。

（2）设计新过程的流程图步骤如下：

1）判别过程的开始和结束。

2）使这个新过程中将要形成的程序（输入、活动、判断、决定、输出）形象化。

3）确定该过程的程序（输入、活动、判断、决定、输出）。

4）画出表示该过程的流程草图。

5）与预计该过程所涉及的人员共同评审该流程草图。

6）根据评审结果改进流程草图。

7）注明正式流程图的形成日期，以备将来使用和参考（可用于过程实际运行的记录，亦可用于判别质量改进的时机）。

4. 流程图的应用举例

图 8-42 为某项目部质量“三检”流程图。

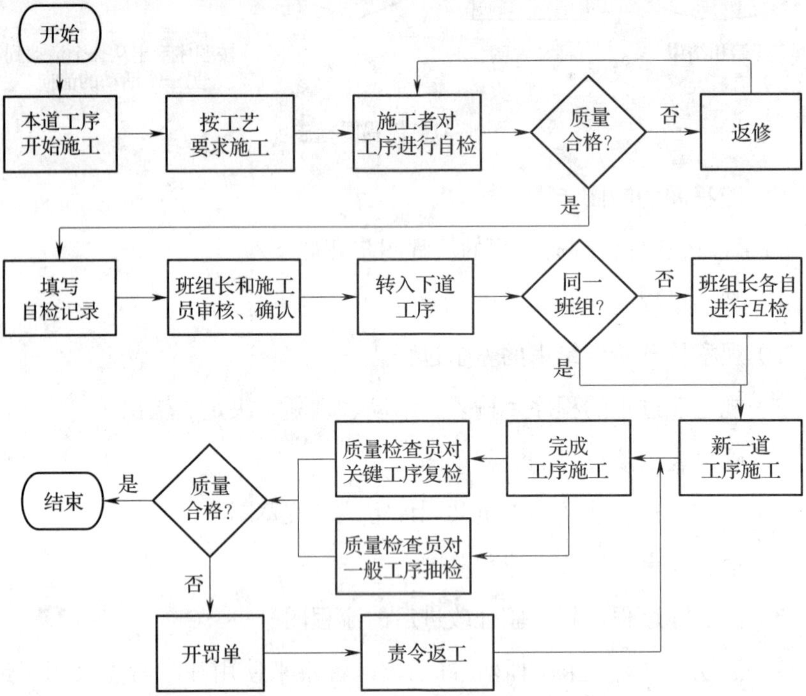

图 8-42　某项目部质量“三检”流程图

三、正交试验设计法

1. 正交试验设计法的基本概念

正交试验设计法简称正交试验法，是利用正交表来合理安排试验的一种方法。通过正交试验设计，明确试验的目的是什么，用什么指标来衡量考核试验的结果，对试验指标可能有影响的因素是什么，把影响因素选在什么位级上，以便合理有效地安排试验，实现目标。

（1）指标。指标就是试验要考察的效果，能够用数量来表示的试验指标称为定量指标，如重量、尺寸等；不能用数量来表示的试验指标称为定性指标，如颜色、外观等。

在正交试验中，主要涉及的是定量指标，常用 X、Y…来表示。

（2）因素。因素是指对试验指标可能产生影响的原因，是在试验中考察的重点内容，一般用字母 A、B、C…来表示。在试验中，能够人为控制和调节的因素称为可控因素，如时间、温度等；由于试验条件的限制，暂时还不能人为控制和调节的因素称为不可控因素，如机器振动、环境变化等。在正交试验中，一般只是选取可控因素参加试验。

（3）水平。水平，又称为位级，是指因素在试验中所处的状态或条件。对于定量因素，每一个选定值即为一个水平，常用阿拉伯数字 1、2、3…来表示。在试验中需要考察某因素的几种状态时，则称该因素为几水平或几位级。

2. 正交表

设计安排正交试验时需要用到一类已经制作好的标准化的表格，这类表格称为正交表。它是正交试验法的基本工具，分中国型和日本型两种，常用的是中国型。

最简单的正交表是 $L_4(2^3)$ 正交表，由 4 行、3 列、2 水平组成，其格式如表 8–24 所示。

表 8–24　$L_4(2^3)$ 正交表

行号（试验）	列　　号		
	1	2	3
1	1	1	1
2	2	1	2
3	1	2	2
4	2	2	1

$L_4(2^3)$ 的含义如图 8-43 所示。

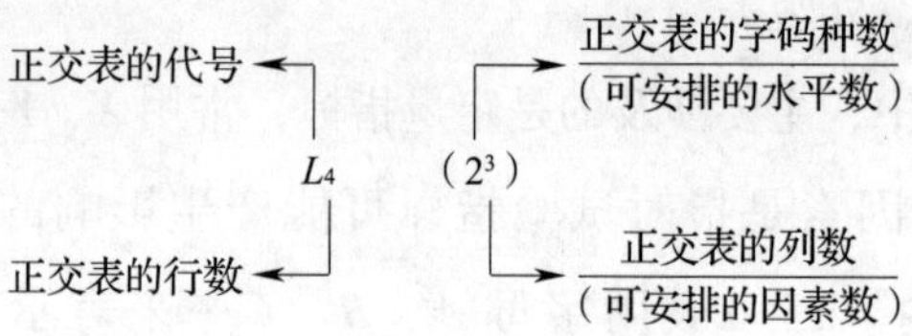

图 8-43　正交试验表及记号的含义

3. 正交表的性质

正交表有两种性质，即均衡分散性和整齐可比性，正是这两种性质决定了正交试验效率高、效果好的特点。

（1）均衡分散性。由于每一列中各种字码出现相同的次数，这就保证了试验条件均衡地分散在配合完全的水平组合之中，因而代表性强，容易出现好条件。

（2）整齐可比性。由于任意两列中全部有序数字对出现相同的次数，即对于每列因素，在各个水平（位级）的结果之和中，其他因素各个水平（位级）的出现次数都是相同的。这就保证了在各个水平（位级）的效果之中，最大限度地排除了其他因素的干扰，因而能够获得最有效的比较效果。

4. 正交试验设计法的常用步骤

（1）确定试验的目的。

（2）确定试验拟考察的指标。

（3）确定试验的因素和位级。

（4）利用常用正交表设计试验方案。

（5）实施试验方案。

（6）试验结果分析。一般用目测法、极差分析法、画趋势图等。

（7）反复调整试验以逼近最优方案。

（8）生产验证及确认最优方案。

（9）结论与建议。

5. 正交试验法的应用举例

【例 8–7】试验结果与计算结果一致。

某质量管理小组针对影响桩机输出扭矩的螺距、动力头功率、主机转速 3 个因素，采用正交试验法选定最佳组合。

（1）试验目的：确定最佳的螺距、动力头功率、主机转速组合。

（2）评价指标：输出扭矩。

（3）确定因素：螺距、动力头功率、主机转速。

（4）确定水平：经过小组成员通过一系列的理论计算，对每个因素确定了 3 个水平，如表 8–25 所示。

表 8–25　因素表

序号	螺距 /cm	动力头功率 /kW	转速 /（$r\cdot min^{-1}$）
1	40	45	15
2	45	50	20
3	50	55	25

制表人：×××　　　　制表时间：××××年××月××日

（5）选定合适的正交表。选用 $L_9(3^4)$ 表（根据上述确定的 3 个水平与 3 个位级）。

（6）实施试验。小组根据正交表设计的试验要求进行了共 9 次不同条件因素组合的现场测试，结果如表 8–26 所示。

表 8–26　因素组合试验结果

试验号	因素 A	因素 B	因素 C	试验结果：输出扭矩 /（$kN\cdot m$）
	螺距 /cm	动力头功率 /kW	转速 /（$r\cdot min^{-1}$）	
1	1（40）	1（45）	1（15）	42
2	2（45）	1（45）	3（25）	36
3	3（50）	1（45）	2（20）	45
4	1（40）	2（50）	2（20）	47

续表 8-26

试验号	因素 A	因素 B	因素 C	试验结果：输出扭矩 /（kN·m）
	螺距 /cm	动力头功率 /kW	转速 /（$r\cdot min^{-1}$）	
5	2（45）	2（50）	3（25）	39
6	3（50）	2（50）	1（15）	55
7	1（40）	3（55）	3（25）	43
8	2（45）	3（55）	2（20）	76
9	3（50）	3（55）	1（15）	48
位级Ⅰ之和（mm）	42+47+43=132	42+36+45=123	42+55+48=145	因素重要程度次序：C→B→A
位级Ⅱ之和（mm）	36+39+76=151	47+39+55=141	45+47+76=168	
位级Ⅲ之和（mm）	45+55+48=148	43+76+48=167	36+39+43=118	
R	151−132=19	167−123=44	168−118=50	

制表人：××× 制表时间：××××年××月××日

（7）观察结果：试验结果中第 8 号桩机的输出扭矩最大为 76kN·m，即初定最优水平为 $A_2B_3C_2$。

（8）分析计算：从位级之和看，最好的工艺应该取 $A_2B_3C_2$。

（9）综合评定：试验结果和分析计算一致，因此当螺距为 45cm、动力头功率为 55kW、转速为 20r/min 时，桩机的输出扭矩最适宜，可作为施工最佳参数。

【例 8–8】试验结果与计算结果不一致。

某小组用正交试验法选择 C60 高强混凝土原材料配制方案。

（1）试验目的：配制 C60 高强混凝土。

（2）试验考核指标：配制强度高于 69.9MPa（根据《普通混凝土配合比设计规程》，标准差取 6.0MPa）。

（3）试验因素。原材料经过方案比选、试验确定了 C60 高强混凝土配制原材料选择最佳方案如下：

A. 水泥：选用 P·O 52.5 普通硅酸盐水泥。

B. 粉煤灰：某电厂Ⅰ级粉煤灰。

C. 石子：选用 5~20mm 石子。

D. 砂子：选用某建材沙子。

E. 外加剂：选用聚羧酸系高性能减水剂。

经研究和分析，确定四个因素，即水泥、砂率、外加剂及粉煤灰。小组成员为了综合考虑水泥总量、砂率、外加剂用量（外加剂用量决定了单方混凝土的用水量）及粉煤灰掺量对混凝土强度、工作性及经济性的影响，根据以上试拌结果及《普通混凝土配合比设计规程》要求，对水泥总量、砂率、外加剂用量及粉煤灰掺量调整如表 8–27 所示。

表 8–27　水泥总量、砂率、外加剂用量及粉煤灰掺量

序号	因素 A	因素 B	因素 C	因素 D
	水泥 /kg	砂率 /%	外加剂 /%	粉煤灰 /%
1	500	41	0.9	15
2	515	42	1.0	17
3	530	43	1.1	19

制表人：××× 　　制表时间：××××年××月××日

（4）确定位级。试验中将每项因素按标准范围确定三个位级进行试验。

（5）因素位级表如表 8–28 所示。

表 8–28　因素位级表

位级	因素 A	因素 B	因素 C	因素 D
	水泥 /kg	砂率 /%	外加剂 /%	粉煤灰掺量 /%
1	500	41	0.9	15
2	515	42	1.0	17
3	530	43	1.1	19

制表人：××× 　　制表时间：××××年××月××日

（6）实施试验。小组根据正交表设计的试验要求进行了共 9 次不同条件因素组合的现场测试，结果如表 8–29 所示。

表 8–29　因素组合试验结果

试验号	因素 A	因素 B	因素 C	因素 D	试验结果：强度 /MPa
	水泥 /kg	砂率 /%	外加剂 /%	粉煤灰掺量/%	
1	1（500）	1（41）	3（1.1）	2（17）	70.7
2	2（515）	1（41）	1（0.9）	1（15）	65.7
3	3（530）	1（41）	2（1.0）	3（19）	72.6
4	1（500）	2（42）	2（1.0）	1（15）	67.1
5	2（515）	2（42）	3（1.1）	3（19）	69.1
6	3（530）	2（42）	1（0.9）	2（17）	70.2
7	1（500）	3（43）	1（0.9）	3（19）	62.4
8	2（515）	3（43）	2（1.0）	2（17）	70.3
9	3（530）	3（43）	3（1.1）	1（15）	74.6★
位级Ⅰ之和 / mm	70.7+67.1+62.4=200.2	70.7+65.7+72.6=209	65.7+70.2+62.4=198.3	65.7+67.1+74.6=207.4	因素重要程度次序：A→C→D→B
位级Ⅱ之和 / mm	65.7+69.1+70.3=205.1	67.1+69.1+70.2=206.4	72.6+67.1+70.3=210	70.7+70.2+70.3=211.2	
位级Ⅲ之和 / mm	72.6+70.2+74.6=217.4	62.4+70.3+74.6=207.3	70.7+69.1+74.6=214.4	72.6+69.1+62.4=204.1	
极差 *R*	217.4–200.2=17.2	209–206.4=2.6	214.4–198.3=16.1	211.2–204.1=7.1	

注：表中★表示第 9 号试验最好，最高强度为 74.6MPa。

制表人：×××　　　　制表时间：××××年××月××日

（7）观察结果：直接看，可靠又方便，第 9 号试验最好，结果为 74.6MPa，工艺条件为 $A_3B_3C_3D_1$。

（8）分析计算：算一算，有效又简单，从位级之和看出最好的工艺条件应是$A_3B_1C_3D_2$；从极差的大小看出因素重要程度的次序：$A \rightarrow C \rightarrow D \rightarrow B$。

（9）综合评定：观察结果与分析计算结果有异，但其重要因素A、C是一致的，为A_3C_3；次要因素D要在D_2、D_1中选取，由于D_2好于D_1，选D_2；而B在B_1和B_3中选取，B越小，混凝土强度越合理，为此选B_1。

经综合评定其最佳工艺组合可望是：$A_3B_1C_3D_2$。

四、优选法

1. 概念

（1）优选法（optimization method）是指以数学原理为指导，合理安排试验，以尽可能少的试验次数尽快找到生产、服务和科学试验中最优方案的科学方法。通常在质量管理小组活动中，运用简单的计算或对分的方法，实现以较少的试验次数，找到最适宜的生产、试验条件，取得最优的效果。优选法使用有效，简单易学，是寻找最佳配方、最佳工艺条件、最优工艺参数等解决质量问题的一种有效方法。

（2）优选法的用途。

1）现场质量改进活动中单因素的分析、试验及选择。

2）质量管理小组活动中主要原因确认、对策选择、实施。

3）质量管理小组创新型课题的方案选择和实施步骤等。

2. 应用步骤

（1）明确目的。明确针对什么项目进行试验。

（2）明确影响因素。如重量、长度、温度、角度、时间等。

（3）明确试验方法。用什么方法试验，用什么手段检验。

（4）明确指标。以指标判断优选的程度。

（5）计算试验点，并进行反复试验测试。

（6）比较。对每次试验结果进行分析比较，直到实现试验目标。

（7）验证。对试验结果进行验证分析。

优选法的方法很多，这里介绍常用的两种方法：对分法和黄金分割法。

3. 对分法

对分法又称为取中法、平分法、对折法，即：每次试验因素的取值都用前两次试验取值的中点。

计算公式为：

$$X=(a+b)/2$$

式中：X——本次试验因素的取值；

a、b——前两次试验对该因素的取值。

根据试验结果，判断本次试验的取值是偏高还是偏低，就将中点以上的一半或者中点以下的一半去掉，这样对因素需要考察的范围就减少了一半。如此再进行试验，每次都可将因素值的范围缩减一半，随着试验的不断进行，可以很快找到因素的最佳取值。

4. 黄金分割法（0.618 法）

黄金分割法以试验范围的 0.618 处及其对称点作为试验点的选择而得名。两个试验点试验结果比较后留下较好点，去掉较坏点所在的一段范围，再在余下范围内继续用黄金分割法找好点，去掉坏点，如此继续下去，直至达到最优，即黄金切割点。

黄金分割法类同于对分法，但计算上比对分法略显复杂些，它是以试验范围的 0.618 处及其对称点取值选择试验点，因此比对分法更精确些，质量管理小组可根据改进项目的质量特性分别选取，灵活应用。

运用黄金分割法时，第一个试验点安排在试验范围（a、b）的 0.618 处；第二个试验点安排在第一点的对称位置上。

这两个点的数学表达式是：

$$X_1=a+0.168(b-a)$$

$$X_2=a+b-X_1$$

第一次试验做完后，将点的试验结果进行比较：

（1）如果 X_1 点比 X_2 点好，则将（a，X_2）的试验范围去掉，留下好点所在的范围（X_2，b），在此范围内再找出 X_1 的新的对称点 X_3 的位置（如图 8–44 所示）。

$$X_3=X_2+b-X_1$$

图 8–44

（2）如果 X_1 点比 X_2 点差，则把坏点所在的范围（X_1，b）去掉，留下好点所在的范围（a，X_1），并在其中找出 X_2 的新的对称点 X_3 的位置（如图 8–45 所示）。

$$X_3=a+X_1-X_2$$

图 8–45

在留下的新的试验范围内又有两个试验点可以比较，一个是新的试验点的结果，另一个是原来好点的结果。通过试验对比后又可以留下好点，去掉坏点，试验范围又进一步缩小。随着试验次数的不断增加，试验范围在不停地缩小，如此将“留好点，去坏点，取新点，再找好点”的过程继续下去，就可以较快地找到试验范围内的最佳点。

5. 注意事项

（1）优选法只适用于质量问题的单因素试验选择，多因素质量问题选择试验应选择其他方法，如正交试验法、田口方法等。

（2）应用优选法时，要有明确的项目、目标和考察指标。

（3）优选法的最佳值要经过反复试验后才能获得，一般经 3~8 次试验后均能出现好的结果。但精度高、公差范围较小的质量特性值指标建议用黄金分割法，试验选择的次数有时会多一些，假如试验中一直没有出现好的试验点，则应继续试验下去，最多试验 16 次就可得到满意的结果。

6. 应用举例（对分法）

【例 8–9】某研发线夹画孔器创新型质量管理小组，为确保基座连接键槽和标尺键槽，键和槽的尺寸如何配合才能保证误差不大于 2.5mm？小组用优选法（对分法）进行选择，试验方案设计如表 8–30 所示。

表 8–30　试验方案设计表

试验项目	键和槽的尺寸配合取值
试验范围	根据设备备线夹画孔的误差要求，键槽配合应紧固可靠，键长度和槽长度应在 5~9mm 之间
试验方法	用对分法计算试验键长度和槽长度取值，每一个取值试验画孔 5 次，计算平均误差
指标	误差不大于 2.5mm
试验目的	找出键长度和槽长度
验证分析	根据试验取值，保证误差不大于 2.5mm

制表人：×××　　　　制表时间：××××年××月××日

按照试验方案，即键槽深度下限 a=5mm，上限 b=9mm，运用对分法，在上、下限中间取值 X_1，小组成员对键槽深度进行 5 次画孔，结果如表 8–31 所示。

表 8–31　第一次试验

<table>
<tr><td rowspan="3">第一次试验</td><td>键槽深度</td><td colspan="6">$X_1=\frac{a+b}{2}=\frac{4+9}{2}=7$</td></tr>
<tr><td rowspan="2">误差不大于 2.5mm</td><td>试验号</td><td>1</td><td>2</td><td>3</td><td>4</td><td>5</td></tr>
<tr><td>误差</td><td>2.55</td><td>2.60</td><td>2.52</td><td>2.49</td><td>2.51</td></tr>
<tr><td></td><td></td><td>平均值</td><td colspan="5">2.534</td></tr>
<tr><td colspan="8">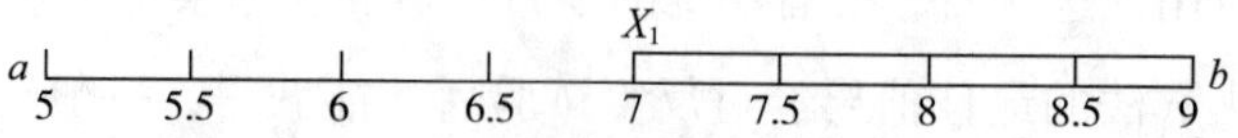
键槽深度为 7mm 时，误差 X=2.534mm，超出了要求的 2.5mm，说明键槽深度过大，去掉（X_1，b），即 7~9mm，留下（a，X_1），即 5~7mm，重新选择新的取值试验</td></tr>
</table>

制表人：×××　　　　制表时间：××××年××月××日

根据对分法，X_2 为 a 与 X_1 的中点，小组成员对键槽深度进行 5 次画孔，结果如表 8–32 所示。

表 8–32　第二次试验

<table>
<tr><td rowspan="4">第二次试验</td><td>键槽深度</td><td colspan="6">$X_2=\frac{a+X_1}{2}=\frac{5+7}{2}=6$</td></tr>
<tr><td rowspan="3">误差不大于 2.5mm</td><td>试验号</td><td>1</td><td>2</td><td>3</td><td>4</td><td>5</td></tr>
<tr><td>误差</td><td>1.85</td><td>1.95</td><td>2.05</td><td>1.86</td><td>1.92</td></tr>
<tr><td>平均值</td><td colspan="5">1.926</td></tr>
<tr><td colspan="8">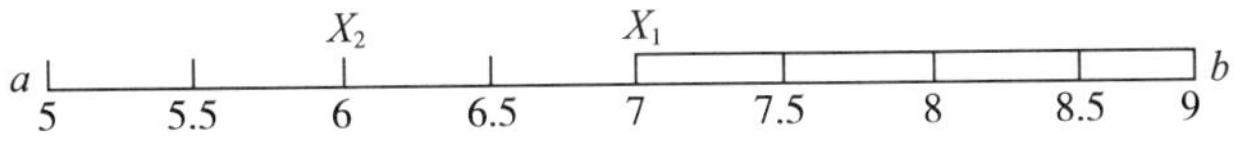
键槽深度为 6mm 时，误差 X=1.926mm，小于 2.5mm，达到了误差要求</td></tr>
</table>

制表人：×××　　　　制表时间：××××年××月××日

通过两次选值，小组成员找到了符合要求的键槽深度为 6mm。

五、简易图表

1．折线图

折线图也称为波动图，常用来表示质量特性数值随时间推移而波动的状况。

如图 8–46 所示，为某建筑单位分项工程检验批合格率波动折线图。

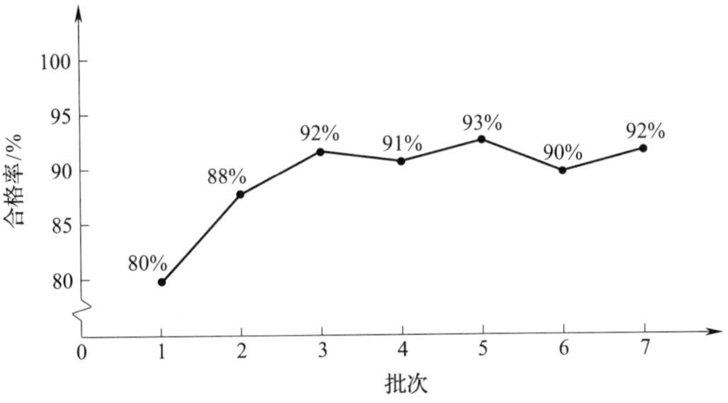

制图人：×××　　　　制图时间：××××年××月××日

图 8–46　分项工程检验批合格率波动折线图

2. 柱状图

柱状图是用长方条的高低来表示数据大小，并对数据进行比较分析的图形。如图 8–47 所示，为某小组绘制的钢筋加工一次验收合格率柱状图，以此对活动后的效果与目标值及活动前进行对比。

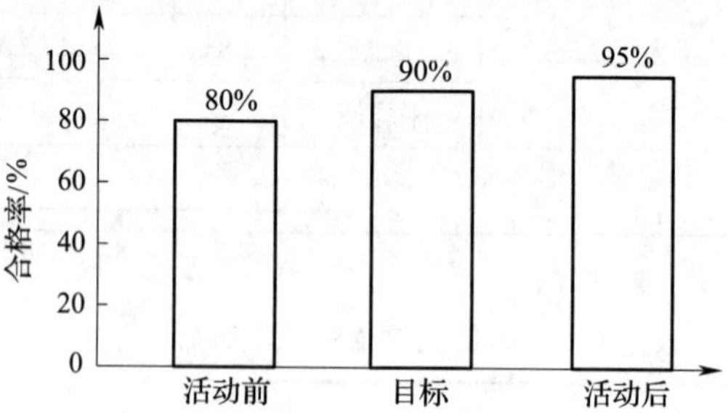

制图人：×××　　　　制图时间：××××年××月××日

图 8–47　钢筋加工一次验收合格率柱状图

3. 饼分图

饼分图也称为圆形图，是把数据的构成按比例用圆的扇形面积来表达的图形。各扇形面积表示的百分率加起来是 100%，即整个圆形面积。如图 8–48 所示，为某项目冲孔灌注桩施工质量问题饼分图，从图中可以看出，成孔问题占 54%，混凝土成桩问题占 20%，钢筋笼就位问题占 13%，其他问题占 13%。

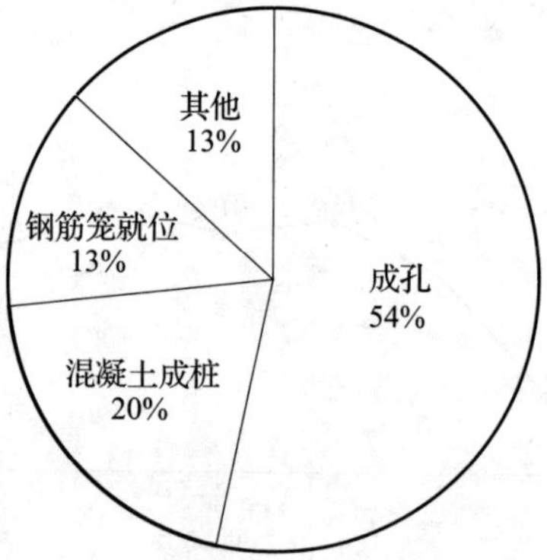

制图人：×××　　　　制图时间：××××年××月××日

图 8–48　冲孔灌注桩施工质量问题饼分图

4. **甘特图**

甘特图又称为线条图，是用来制定计划和工作进度的一种简单图示技术，具有形象、直观、简明、易懂、制图简便等优点，广泛应用于制定活动及工作计划，在施工企业更多地被用于安排工期进度。例 8–10 是某小组用甘特图制定的质量管理活动计划，例 8–11 是某小组制定的某工程设计所需工期与改善基坑支护方式后所需工期对比甘特图。

【**例 8–10**】某小组用甘特图制定的质量管理活动计划，如图 8–49 所示。

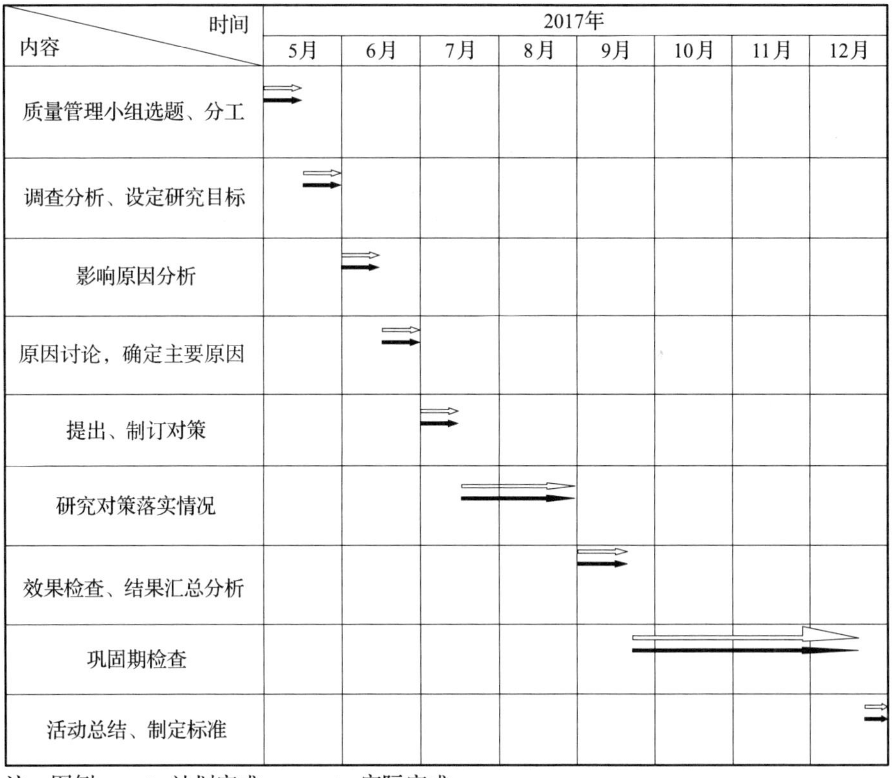

注：图例 ⟹ 计划完成；➡ 实际完成。

制图人：×××　　　　　　　　　　制图时间：××××年××月××日

图 8–49　某小组 PDCA 进度甘特图

【**例 8–11**】某工程设计所需工期与改善基坑支护方式后所需工期对比甘特图（图 8–50）。

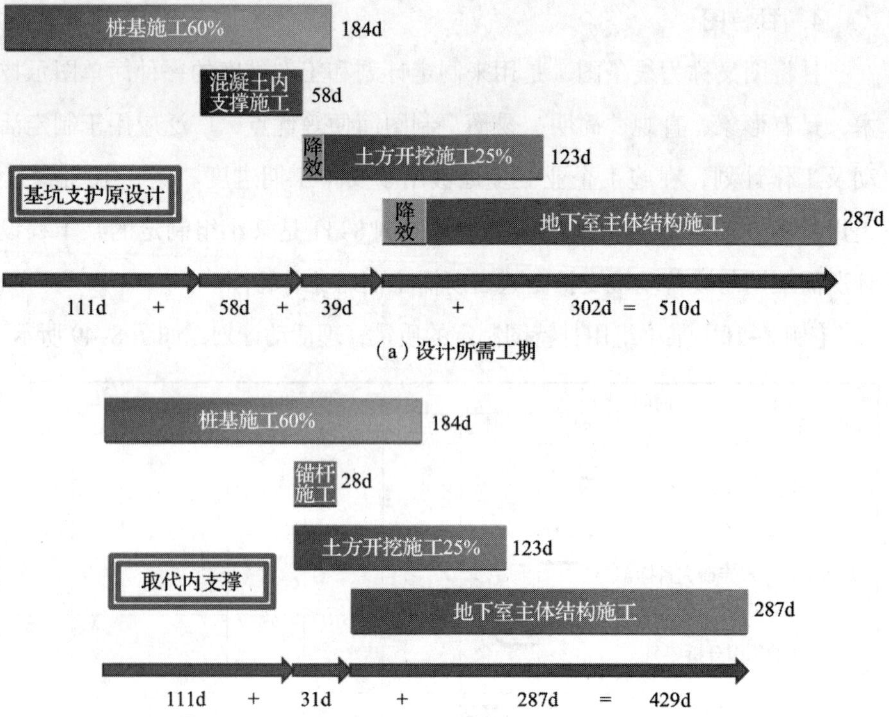

（a）设计所需工期

（b）改善基坑支护方式后所需工期

图 8–50　某工程设计所需工期与改善基坑支护方式后所需工期对比甘特图

5. 雷达图

雷达图是模仿电子雷达机图像形状的一种图形，常用来检查工作成效，包括自我检查和他人检查。一般可用极坐标纸，根据要检查的若干项目数，从坐标原点（圆心）引出若干条射线，同时确定 3 条圆弧线分别表示被检查项目的理想水平、平均水平和不理想水平。以 3 条圆弧中相邻的两条中心线为界，把圆内分出 A、B、C 三个区域。在圆心引出的射线上标明指标名称，把实际情况（检查结果）根据比例在图中坐标点上点出相应的点子，连接个点形成一个闭环的折线。闭环折线的形状反映出被检查项目的总状况和特点。

【例 8–12】某质量管理小组根据活动前后综合素质评价表（如表 8–33 所示），绘制出活动前后综合素质对比雷达图（如图 8–51 所示）。使用前制定评价标准，使用时根据实际情况给予评分。

表 8–33　活动前后综合素质评价表　　　　单位：分

项　　目	活动前	活动后
团队精神	6	9
质量意识	7	9
进取精神	6	8
改进意识	7	9
质量管理知识掌握	6	8
工作的热情和干劲	6	8

制表人：× × ×　　　　制表时间：× × × × 年 × × 月 × × 日

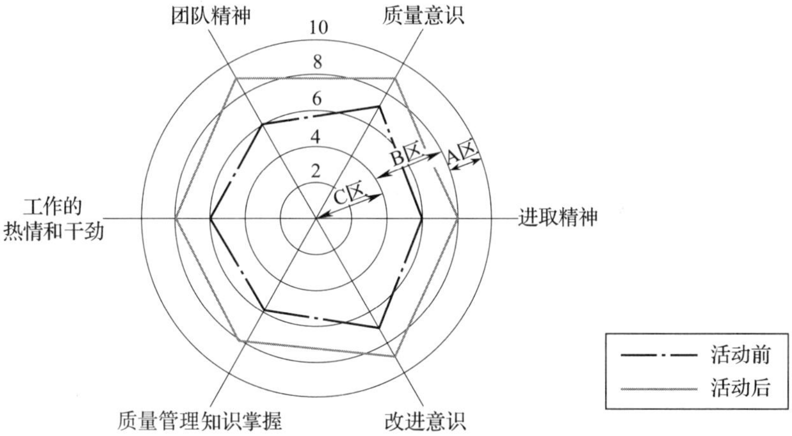

制图人：× × ×　　　　制图时间：× × × × 年 × × 月 × × 日

图 8–51　活动前后综合素质对比雷达图

参考文献

陈宝江，2009. 质量管理与工程［M］. 北京：北京大学出版社.

李锋，朱仲华，2009. 质量工具简单讲［M］. 广州：广东省出版集团.

约瑟夫 A. 德费欧，弗兰克 M. 格里纳 . 2016. 朱兰　质量管理与分析（翻译版 · 原书第 6 版）［M］. 苏秦，张鹏伟，等译 . 北京：机械工业出版社.

中国质量协会，2018.《质量管理小组活动准则》要点解读［M］. 北京：中国质检出版社、中国标准出版社.

中国质量协会，2020. 质量管理小组活动准则 T/CAQ 10201–2020［S］. 北京：中国标准出版社 .

中国质量协会，2008. QC 小组基础教材［M］. 北京：中国社会出版社.

周冰，2009. QC 手法运用实务［M］. 厦门：厦门大学出版社.